DÉPÔT LÉGAL

BIBLIOTHÈQUE AGR

I0001654

TRAITÉ FORESTIER

PRATIQUE

MANUEL

DU PROPRIÉTAIRE DE BOIS

Par A. GURNAUD

ANCIEN ÉLÈVE DE L'ÉCOLE FORESTIÈRE DE NANCY

TROISIÈME ÉDITION

PARIS

LIBRAIRIE AGRICOLE DE LA MAISON RUSTIQUE

26, RUE JACOB, 26

TRAITÉ FORESTIER

PRATIQUE

MANUEL DU PROPRIÉTAIRE DE BOIS

TRAITÉ FORESTIER

PRATIQUE

MANUEL

DU PROPRIÉTAIRE DE BOIS

Par A. GURNAUD

ANCIEN ÉLÈVE DE L'ÉCOLE FORESTIÈRE DE NANCY

———◆◆◆———

TROISIÈME ÉDITION

———◆◆◆———

PARIS

LIBRAIRIE AGRICOLE DE LA MAISON RUSTIQUE
RUE JACOB, 26

—

BESANÇON

IMPRIMERIE ET LITHOGRAPHIE DE PAUL JACQUIN

—

1890

DROITS RÉSERVÉS

PRÉFACE

En exposant sous une forme simple et accessible à tous, par la pratique même, les principes de l'économie forestière, nous avons essayé, dans ce manuel, de rendre à la propriété boisée, sous quelque aspect qu'elle se présente, la place importante qui lui appartient dans le domaine de l'agriculture, dont elle n'est qu'une branche trop souvent négligée.

Nous nous adressons plus spécialement aux propriétaires, aux gérants de domaines et aux gardes, en leur offrant le résumé de recherches longues et laborieuses sur la pratique forestière, c'est-à-dire sur l'art d'augmenter les richesses qu'ils possèdent ou qu'ils sont appelés à administrer, et nous insistons sur la nécessité pour eux de s'en occuper comme de toute autre propriété, industrie ou revenu.

Des particuliers surtout dépend l'avenir des forêts. Il suffit, pour s'en convaincre, de jeter un coup d'œil sur la statistique.

A présent comme en 1791, l'étendue des forêts de

la France est de 9.5 millions d'hectares ; mais dans l'intervalle, leur répartition entre les trois grands propriétaires, l'Etat, les communes et les particuliers, s'est modifiée.

Le domaine de l'Etat a diminué, celui des communes est resté stationnaire, mais celui des particuliers a augmenté dans des proportions considérables.

En 1813 comme en 1791, évaluée à 2 millions d'hectares, l'étendue des bois des particuliers a été successivement portée, depuis, à 3.1 millions en 1823, à 5.6 millions en 1837, à 5.8 millions en 1841, et à 6.1 en 1865. Elle est actuellement de 6.5 millions d'hectares et le boisement continue.

C'est que nous sommes tributaires de l'étranger pour 133 millions de francs de bois communs, de ceux que nous produisons, et l'application de la chimie à la matière ligneuse ouvre aux forêts des débouchés nouveaux.

L'infériorité de notre production forestière est plus apparente que réelle. Elle vient de l'incertitude des méthodes forestières, qui a donné lieu à des mécomptes, et de la prime accordée aux bois étrangers par suite d'une erreur économique et sous prétexte de libre-échange.

Il faut 100 ans et plus pour produire les arbres de futaie. Que l'on admette par exemple, comme on l'a fait pendant bien des années, que l'on ne produise les arbres de futaie qu'avec des sacrifices de temps et d'argent, et que cette culture ne soit pas rémunératrice, il n'en faut pas davantage pour déterminer des réalisations, avec cette pensée que le prix qu'on peut obtenir de la vente des futaies sera plus utilement employé ailleurs que dans la culture forestière.

Il est vrai qu'une fois coupées, les futaies ne se reproduisent qu'au bout d'un nombre d'années assez considérable, mais on ne peut en conclure l'infériorité de la culture forestière. En réalisant les futaies, on a fait, comme cela n'est arrivé que trop souvent, une fausse spéculation, et il est facile de le comprendre.

Pour avoir à couper chaque année des bois exploitables de 100 à 150 ans, il faut entretenir dans la forêt toutes les classes d'âges intermédiaires entre le plant qui naît et l'arbre exploitable. Si l'on considère le jeune plant, faible et obscur la première année, il triple, quadruple et souvent même quintuple de volume pendant la deuxième année, c'est-à-dire qu'il s'est accru de 200, 300 et même 400 %. Le taux de l'accroissement diminue de la deuxième à la troisième année, et ainsi d'année en année, et ne sera plus que de 3 et même de 2 % quand l'arbre sera parvenu au terme de son exploitabilité. Mais l'infériorité de ce taux n'est qu'illusoire, et c'est là le point sur lequel il est essentiel d'insister.

On sait, en effet, qu'en raison de la solidité du placement, on se contente, en forêt, d'un intérêt moindre que celui de l'argent. Par exemple, l'argent étant à 4 ou 5 %, on se contentera de 3 à 3 1/2 % en forêt. Mais l'accroissement des bois jeunes et d'âge moyen étant très supérieur à l'intérêt de l'argent, il est nécessaire, pour obtenir ce taux moyen dans la forêt, d'y entretenir une proportion importante de bois s'accroissant à 3 % et même au-dessous. Couper tous ces arbres, ce n'est pas réaliser du bois à ce taux, mais bien au taux moyen qui résultera de leur enlèvement, soit à 8 ou 10 %. Et comme l'argent rapporte 4 ou 5 %, cette opération, qui est d'ailleurs une dérogation à l'aménagement et abaisse le revenu, n'est plus qu'une spéculation fausse dans laquelle on échange du 8 ou du 10 % contre du 4 ou du 5 %. Il eût été préférable de vendre la forêt auparavant, elle aurait trouvé preneur au cours.

Qu'il faille 100 ou 150 ans pour produire des arbres de futaie, peu importe, et cela ne signifie absolument rien pour l'aménagement. Depuis un an jusqu'à 150 ans et plus, à quelque âge qu'on le considère, l'arbre a une valeur utilisable. Jeune plant, il sert au reboisement; brin ou rejet de faible dimension, il donne des harts, des cercles de tonneaux, des fascines; plus fort, des tuteurs, des perches pour les usages domestiques, les houblonnières, les constructions, les mines; plus fort encore, de la charpente de diverses dimensions, des sciages, du merrain. A tout âge et de toute dimension, il est bon à quelque chose, et l'art forestier a pour objet de proportionner le nombre, la grosseur et l'essence de manière à fournir chaque année du bois propre à tous les usages dans la mesure des besoins de la consommation et des ressources de la forêt.

C'est l'accroissement des bois et non leur âge qui doit servir de règle pour l'aménagement. Le capital forestier et son revenu doivent être aussi grands que possible, mais avec cette condition rigoureusement nécessaire, que le taux du placement en forêt soit rémunérateur, c'est-à-dire en équilibre avec celui des autres placements agricoles, financiers ou industriels.

On devait s'appuyer sur l'accroissement, et c'est sur la révolution qu'on a édifié l'aménagement théorique. Telle est l'origine des incertitudes et des mécomptes survenus dans la culture forestière et dont il importe de se préserver.

Pour se rendre compte de l'erreur économique qui s'est accréditée sous prétexte de libre-échange, au préjudice de la culture forestière et des industries qui s'y rattachent, on doit considérer la matière ligneuse sous le triple aspect de la substance, de l'utilité et de la valeur.

Considérée dans ses éléments organiques, la substance ligneuse est un produit naturel. Son utilité résulte de ce qu'en raison de ses propriétés, elle peut s'adapter à différents usages. Mais ce n'est ni de sa substance ni de son utilité que résulte la valeur du bois. Elle vient exclusivement du travail fait pour obtenir la substance ligneuse et la rendre utile, c'est-à-dire l'approprier aux différents usages qu'elle peut avoir. Ce travail devenu inséparable de la substance est le résultat des mains-d'œuvre de toute sorte auxquelles il a fallu recourir pour asservir à nos besoins la matière ligneuse. La valeur du bois n'est donc autre chose que le prix de la main-d'œuvre incorporé dans sa substance.

Importer un mètre cube de bois commun d'une valeur de 20 francs dans son pays d'origine, c'est donc importer 20 francs de main-d'œuvre de ce pays. Si le prix du mètre cube semblable est de 30 francs dans le pays importateur, le laisser entrer en franchise, c'est mettre la main-d'œuvre étrangère sur le même pied que la main d'œuvre nationale, c'est lui accorder une prime de $30 - 20 = 10$ francs. Et cette prime se trouvera prélevée sur la main-d'œuvre similaire du pays importateur, car c'est bien elle qui est obligée d'abaisser ses prix de la quantité nécessaire pour faire cette prime.

Appeler cela du libre-échange, c'est un abus de langage, c'est au contraire de la protection à rebours, et les traités qui le consacrent sont l'asservissement à l'étranger, non seulement de la pro-

priété forestière française, mais de la nation elle-
même.

Dira-t-on que les traités de commerce assurent des
compensations? D'abord le fait en lui même est
inexact, parce que la différence des importations aux
exportations, d'une manière générale, est de plus d'un
milliard. Elle a été bien plus grande encore, mais elle
s'abaisse par suite des énergiques protestations venues
de toute part.

En admettant même que la compensation existe,
c'est la propriété forestière qui en fait les frais, pour
sa part bien entendu, car elle n'est pas seule compro-
mise. Mais a-t-on le droit de prendre ainsi à la main-
d'œuvre nationale pour donner à la main-d'œuvre
étrangère ? Evidemment non, et cette violation de la
propriété a les plus graves conséquences.

Dégager la pratique des termes techniques et du
vague des théories spéculatives, rechercher et for-
muler des principes rationnels, indépendants de toute
conception arbitraire, donner par le contrôle le moyen
de les établir sur chaque forêt en particulier comme
base de son aménagement, combattre les préjugés
antiforestiers, c'est ce que j'ai essayé de faire en 1865
d'abord, dans le *Mémoire sur la gestion des forêts*,
et plus tard, en 1870, dans le *Traité forestier pratique,
manuel du propriétaire de bois.* C'est en 1884 que les
principes du traitement et de l'aménagement, au

nombre de six, et appliqués dans ce manuel, ont été formulés dans la *Sylviculture française* [1], et c'est en 1890, dans la *Méthode du contrôle à l'Exposition universelle*, que j'ai traité la question des tarifs de douane qui doivent viser séparément la matière brute et ouvrée et, quant à la main-d'œuvre nationale, mettre l'ouvrier français sur le pied d'égalité avec l'ouvrier étranger [2].

Les études continuées sans interruption avec le concours bienveillant des propriétaires forestiers, ont confirmé et achevé de développer et d'élucider sur tous les points les principes exposés dans les publications antérieures.

La faveur accordée à l'édition précédente, depuis longtemps épuisée, semble justifier cette édition nouvelle.

Qu'il me soit permis de remercier les personnes qui ont bien voulu m'aider et m'honorer de leurs conseils, et, pénétré des difficultés de la publication d'un manuel, de faire appel à la critique et au concours des amis de la sylviculture.

Nancray, janvier 1890.

(1) V. chap. II, IIIᵉ partie, *La Sylviculture française.* — Paris, librairie agricole, 26, rue Jacob, et Besançon, P. Jacquin, imprimeur-lithographe, 1884.

(2) P. Jacquin, *la Méthode du contrôle à l'exposition universelle.*— Besançon, 1890, droits réservés.

TABLE ANALYTIQUE DES MATIÈRES

PREMIÈRE PARTIE

CULTURE

venir les inconvénients. Modes de coupe usités dans les sapinières (§§ 34 à 36). — Coupe rase et coupe de régénération. Révolution. Forêts d'âge gradué, massifs en bois de même âge. Eclaircie naturelle. Lutte pour l'existence. Caractères de la végétation dans ces forêts lorsqu'elles sont abandonnées à elles-mêmes. Leur traitement régulier. Semis naturel insuffisant. Plantation complémentaire. Essences adventices. Nettoiements. Sujets qui ne peuvent soutenir la lutte pour l'existence. Leur enlèvement dans les éclaircies périodiques. Coupes d'ensemencement, secondaires et définitives, dites de régénération. Coupes rases de proche en proche. Inconvénients et défauts de ces coupes (§§ 37 à 43). — Coupe jardinatoire. Partage de la forêt en divisions. Exploitations renouvelées à courtes périodes. Manière de les régler. Peuplements d'âge mélangé. Conditions de leur régularité. Le contrôle (§§ 44 à 46).

Mêmes principes de culture que pour la sapinière. Forêts d'âge gradué, massifs en bois de même âge, repeuplements complémentaires, nettoiement, éclaircies, coupes de régénération. Défaut de ces coupes (§§ 47 à 49). — Forêts d'âge mêlé. Divisions. Coupes d'égal volume. Coupes d'égale contenance. Coupes de contenance inversement proportionnelle à la fertilité. Le sous-bois et l'étage supérieur (§§ 50 et 51). — Taillis composé ou sous futaie. Baliveaux, modernes et anciens. Baliveaux d'élite, préparation, émondage. Taille des jeunes arbres, équilibre de la sève. Rectification du branchage des futaies âgées. Cas d'élagage dans les bois résineux (§§ 52 à 59).

Utilité des divisions et des inventaires dans les forêts qu'on ne veut pas aménager. Deux types de forêts aménagées, l'âge gradué et l'âge mélangé. Au point de vue du premier type, la forêt d'âge mélangé est irrégulière et réciproquement. Mais le type naturel étant celui de la forêt d'âge mélangé, il est toujours facile et profitable d'y ramener la forêt d'âge gradué, tandis que la transformation inverse est toujours difficile et onéreuse (§§ 60 à 65).

Qualité du bois. Homogénéité. Nature de la couche ligneuse. Bois des forêts irrégulières. Bois des forêts régulières (§§ 66 à 68). — Fût ou tronc. Houpier et branchage. Volume grume. Volume rond ou écorcé. Volume fabriqué ou net de déchet (§§ 69 et 70). — Estimation des bois abattus. Cubage. Tables de cubage. Cylindre. Prismes. Eléments du cube. Formules des différents modes de cubage (§§ 71 à 73). — Estimation des bois sur pied. Etablissement ou adoption d'un tarif pour ces

DEUXIÈME PARTIE

TRAITEMENT ET AMÉNAGEMENT

TROISIÈME PARTIE

COMPTABILITÉ

QUATRIÈME PARTIE

ADMINISTRATION ET SURVEILLANCE

PREMIÈRE PARTIE

~~~~~~~~~~

CULTURE

―►०◻०◅―

CHAPITRE PREMIER

DÉFINITIONS ET PRINCIPES

―――――

1. La *culture forestière* a pour objet la production du bois.

2. L'ensemble des arbres existants sur le terrain livré à cette culture est appelé *bois* ou *forêt*.

3. Par *essences forestières* on entend toutes les espèces d'arbres qui se rencontrent dans les forêts.

4. Dans la pratique on distingue les *arbres feuillus* et les *arbres résineux*, appelés aussi *arbres verts*.

Les *arbres feuillus*, à l'exception de quelques espèces,

perdent leurs feuilles chaque année, ont une ramification diffuse et donnent des rejets de souche après la coupe.

Les *arbres résineux* ou *arbres verts* conservent leurs
feuilles plusieurs années, à l'exception du mélèze, qui
les perd comme les arbres feuillus, ont une ramification
régulière et ne donnent, en général, pas de rejets de
souche après la coupe.

5. On appelle *brin* l'arbre provenant directement d'une
semence. Le *rejet* prend naissance sur la souche, et le
drageon sur les racines.

6. L'arbre de forte dimension se nomme *futaie*.

7. La *futaie pleine* est la forêt destinée plus particulièrement à produire des arbres de fortes dimensions et
à se régénérer par la semence.

8. La *sapinière* est une futaie pleine composée de
résineux, bien qu'il y ait parmi ceux-ci une certaine
quantité de bois feuillus.

9. Le *taillis* est la forêt qui se reproduit principalement par le rejet des souches. Il donne du bois de feu
et du menu bois d'industrie. On y élève ordinairement
de la futaie. Il prend alors le nom de *taillis composé*,
pour le distinguer du *taillis simple* ou *sans réserves*.

Les **taillis**, les **futaies pleines** et les **sapinières**
sont les types de *bois ou forêts* auxquels s'appliquent
les principes de la *culture forestière*.

10. La *division* est une portion de forêt fixée sur le
terrain par des limites apparentes.

En *sylviculture*, la *division* est l'unité tactique. C'est
par division que se font les *coupes*, les *inventaires*

ou *dénombrements* des arbres de futaie, le *contrôle* et généralement toutes les opérations forestières.

11. L'*accroissement annuel* d'un arbre est le volume dont cet arbre augmente par la végétation de l'année.

L'augmentation de volume des arbres d'une division est l'*accroissement* de cette division ; c'est la différence entre deux inventaires ou dénombrements de ces arbres.

La première condition pour que la forêt produise est, par conséquent, d'avoir toujours un certain nombre d'arbres en *réserve*.

12. Dans la coupe, la *réserve* est l'ensemble des arbres qui ne doivent pas être exploités, et l'*abandon*, l'ensemble des arbres qui doivent être exploités.

Le *baliveau* est la réserve de l'âge du taillis au moment de la coupe, le *moderne* celle de deux âges, et l'on appelle anciens les arbres de trois âges et au delà.

13. Le *matériel d'exploitation* est l'ensemble de la réserve que l'on doit entretenir dans la forêt. Il se partage en *principal* et *accessoire*.

14. Le *matériel principal* se compose exclusivement du bois de tige des arbres de futaie, à partir d'un minimum de grosseur fixé.

Le surplus, comprenant les rejets de souche, les brins n'atteignant pas le minimum de grosseur fixé et le *houpier* (cime et branchage) des futaies elles-mêmes, forme le *matériel accessoire*.

15. La *fertilité* est la faculté de produire. Elle dépend de la nature du sol, des détritus végétaux qui forment l'*humus* et des influences atmosphériques.

16. Lorsque les réserves se trouvent convenablement espacées par suite de l'exploitation, leur accroissement annuel est considérable, d'année en année elles couvrent plus complètement le sol et finissent par être trop serrées. L'accroissement, d'abord progressif, devient stationnaire, puis diminue.

A partir de ce moment, si la forêt est abandonnée à elle-même, l'accroissement annuel est de plus en plus faible, les arbres perdent leur vigueur, dépérissent et sèchent peu à peu.

Mais au contraire, si l'exploitation est renouvelée en ayant soin de réserver les meilleurs arbres et de faire qu'ils soient régulièrement espacés après la coupe, on prévient le dépérissement, et la végétation entre dans une nouvelle *phase*, pendant laquelle l'accroissement augmente, devient stationnaire et diminue comme dans la précédente.

Lorsque après la coupe les arbres sont trop espacés et en nombre insuffisant pour utiliser toute la fertilité, il y a perte d'accroissement, production de *végétations accessoires* et exagération du branchage des réserves. Le *matériel est insuffisant*, et pour le rétablir il faut couper moins que l'accroissement.

Il y a également perte d'accroissement lorsque les arbres sont trop serrés, et le *matériel superflu* est ce qu'il faut couper pour que l'accroissement s'élève et reprenne le taux le plus avantageux.

L'exploitation proportionnée à l'accroissement et périodiquement renouvelée est favorable à la germination et au développement progressif du jeune plant.

Les graines des arbres de la forêt, celles qui sont apportées par l'air, par l'eau, par les animaux ou de toute autre manière germent partout, et du semis naturel incessamment renouvelé il se dégage en nombre suffisant des sujets remarquables par leur conformation et par les autres qualités qui les rendent propres au recrutement de la futaie dès qu'ils ont la grosseur requise pour être comptés dans le matériel principal.

Par le fait seul de cette exploitation la forêt se conserve et s'améliore naturellement.

17. Le *traitement* est l'ensemble des opérations à faire pour exploiter et améliorer la forêt.

18. L'*aménagement* est la réglementation du traitement pour un certain nombre d'années au bout duquel il est revisé et que l'on nomme, suivant les cas, *révolution, rotation* ou *période.*

19. La *science forestière* est l'art d'observer les faits qui se produisent dans la culture des bois et d'en tirer parti pour améliorer d'une manière suivie la *gestion des forêts.*

20. La *gestion des forêts,* comme celle des capitaux et généralement des entreprises industrielles, demande un esprit de suite, de l'ordre et des moyens de contrôle à l'aide desquels on puisse apprécier pratiquement les résultats des coupes et les comparer entre eux. Elle exclut les idées systématiques et doit être conçue de manière à permettre, avec le moins de sacrifices possible, les exploitations que peuvent demander les nouveaux besoins du commerce, se prêter aux perfectionnements

de l'art forestier et fournir des ressources pour les besoins imprévus.

21. Les *capitaux engagés* dans la production ligneuse sont le prix du sol dépouillé de bois, les dépenses d'entretien et d'amélioration, le montant des charges annuelles de la propriété et la valeur du matériel d'exploitation.

Le bois est lent à croître. Il faut mettre de l'économie et de la circonspection dans les dépenses à faire pour l'obtenir, car le jeu de l'intérêt composé, dont il faut nécessairement tenir compte, augmente rapidement les capitaux engagés.

On attribue au sol une valeur qui se calcule d'après la production ou par comparaison avec les sols environnants. Les travaux d'entretien et d'amélioration peuvent être très variés. Ils s'appliquent aux chemins, clôtures, assainissements, plantations, etc., et peuvent donner lieu à de fortes dépenses. Il est nécessaire de les étudier et d'en tenir note avec soin.

Les charges de la propriété consistent principalement dans l'impôt et les frais de garde. Elles reviennent par hectare et par an à une somme à peu près fixe.

Le *revenu* est le produit de la forêt net de tous frais.

22. On doit prélever sur le produit l'intérêt de tous les capitaux qui concourent à la production. Le matériel d'exploitation est la principale source du revenu et doit appeler d'une manière toute spéciale l'attention du propriétaire.

23. Dans les taillis où l'on n'élève pas de futaies, les souches donnent les rejets dont ces forêts sont presque exclusivement peuplées. Le produit, que l'on peut esti-mer directement ou par comparaison avec les autres exploitations de la forêt, sert à calculer, lorsqu'il en est besoin, la valeur des taillis non encore exploitables. Les souches forment une sorte de matériel d'exploitation dont la valeur est comprise dans celle du sol.

24. La futaie, soit dans les taillis où l'on a l'habitude d'en élever, soit dans les futaies pleines, est la princi-pale partie du matériel d'exploitation. Elle a quelquefois une grande valeur à l'hectare. Les arbres dont elle se compose n'ont pas tous, à beaucoup près, le même accroissement, et il est utile de se rendre compte des différences et des circonstances concomitantes.

25. En résumé, une bonne administration doit pré-voir la succession des coupes, tenir note des produits et être bien renseignée sur le matériel d'exploitation, sur les dépenses d'entretien et d'amélioration, les charges de la propriété, et finalement sur sa valeur.

Le point capital d'une bonne administration est d'as-surer la **coupe annuelle**. De cette manière la *main-d'œuvre* est retenue dans les campagnes par le travail qu'elle y trouve chaque année pendant la saison morte pour l'agriculture, et l'on prévient l'*importation* des bois étrangers en pourvoyant régulièrement aux besoins de la consommation locale.

CHAPITRE II

TAILLIS

---

26. Le **taillis** est la forêt qui se reproduit surtout de rejets de souche. On y rencontre généralement un certain nombre de *brins* dont il est d'usage de choisir les meilleurs pour faire de la futaie. Dans les *taillis simples*, c'est-à-dire *sans réserves*, l'exploitation se fait par *coupes rases.*

27. La manière de couper a de l'influence sur la reproduction du taillis. On doit se servir d'instruments bien tranchants, surtout de la hache, ne pas écailler le pourtour de la souche et éviter qu'elle offre des creux dans lesquels l'eau venant à séjourner occasionnerait de la pourriture. Le bûcheron de profession coupe généralement moins près de terre dans les sols humides que dans les terrains secs. Quelquefois, pour donner plus de vigueur à une vieille souche, il la coupe au-dessus du nœud de la précédente exploitation.

28. Au printemps qui suit la coupe, les souches de

taillis se couronnent d'une très grande quantité de rejets dont beaucoup sèchent dès les premières années. Les plus vigoureux parmi ceux qui persistent s'élancent et forment pour la coupe suivante la meilleure partie du taillis. Les rejets de moindre vigueur poussent obliquement, et sur les souches d'essences vivaces, dans les taillis *non éclaircis*, on trouve encore, au moment de la coupe, des rejets qui traînent sur le sol. On remarque que les rejets droits sont les plus gros et les plus longs, que les autres rejets sont d'autant moins forts qu'ils sont plus inclinés, et que les traînants restent petits. Les principes de la fertilité sont ainsi répartis entre des sujets qui ne les utilisent pas tous d'une manière également profitable.

Dans l'intervalle des cépées, même dans les taillis où l'on ne conserve pas de futaies, il se produit des semis naturels provenant de graines apportées sans le concours de l'homme.

29. Dans les taillis non éclaircis, les cépées vigoureuses s'étalent le plus. Elles étouffent les brins de semence et même les cépées faibles.

30. Les rejets d'essences à bois tendre, qui poussent d'abord très rapidement, sèchent, les saules et les coudriers surtout, avant que les bois durs puissent être coupés.

31. Dans les bois durs couper : 1° les rejets traînants ; 2° parmi les rejets penchés ceux qui ne sont pas capables de venir à bien et ceux qui nuisent aux sujets droits, brins et rejets, et parmi ceux-ci quelques-uns des moins beaux lorsqu'ils sont trop nombreux. — Dans

les bois tendres et dans les essences secondaires, telles
que les saules et les coudriers, couper tous les rejets
lorsqu'il ne doit pas en résulter d'inconvénients, et dans
ce cas n'en laisser que le nombre suffisant pour ne pas
trop dégarnir, telle est l'*éclaircie*.

32. L'utilité de cette opération est facile à comprendre : 1° en conservant les semis naturels qui auraient disparu et en donnant de la force à ceux qui se
seraient étiolés, elle favorise le recrutement de la futaie
dans les taillis composés et le remplacement des souches
dans le taillis simple ; 2° en dirigeant toute la sève sur
les meilleures tiges, le taillis devient plus fort dans le
même temps, ou, ce qui revient au même, le terme
auquel il peut être exploité est avancé ; 3° en supprimant
les sujets faibles et superflus, elle prévient le bois sec,
qui attire les délinquants et est une perte de produit.

33. La lutte qui s'établit entre les rejets de souche
n'est pas très sensible pendant les premières années qui
suivent la coupe. C'est vers l'âge de huit ou neuf ans
dans les taillis exploités de quinze à dix-huit ans, et de
dix à douze ans dans les taillis exploités de vingt à
vingt-cinq ans, que les peuplements commencent à souf-
frir de l'état serré et qu'on doit mettre en pratique les
éclaircies.

Vers le même âge le taillis atteint son maximum d'accroissement, de telle sorte que deux hectares de taillis
exploités de huit à neuf ans donnent autant de matière
qu'un hectare de seize à dix-huit ans, et deux hectares
de taillis de dix à douze ans autant qu'un hectare de
vingt à vingt-quatre ans.

Pour abaisser à dix ans les révolutions de taillis, qui sont le plus souvent de quinze, vingt, vingt-cinq ans et quelquefois plus, et diminuer la charge de l'intérêt, il suffit de réserver plus de baliveaux de l'âge qu'il n'en faut pour le recrutement de la futaie, et de couper l'excès à la révolution suivante.

L'abaissement de la révolution des coupes de taillis peut dispenser de l'éclaircie, mais il sera toujours avantageux de faire la préparation de baliveaux dont il est question au chapitre IV.

CHAPITRE III

————

34. Le mot **sapinière** n'a pas partout la même signification. Dans les régions montagneuses où dominent le sapin et l'épicéa, il s'applique aux forêts composées de ces deux essences résineuses, lors même qu'elles renferment une certaine proportion de bois feuillus ou d'autres résineux.

Les forêts de pins ou *pinières* sont appelées *sapinières* dans certaines contrées.

35. En étudiant la section de la tige des arbres, on reconnaît que les couches concentriques dont elle est formée, représentant chacune l'accroissement d'une année, sont d'inégale épaisseur, et groupées par zones de couches minces alternant avec des zones de couches épaisses. L'accroissement était lent pendant les années correspondantes aux zones de couches minces, et rapide pendant les années correspondantes aux zones de couches épaisses. Ces zones, qui alternent quelquefois au

nombre de cinq ou six, correspondent à des périodes variables, d'une durée de dix à quarante ans et quelquefois plus. Elles ne sont pas toujours nettement séparées. On passe de l'une à l'autre par des transitions. Ainsi, d'une zone de couches minces on passe à une zone de couches épaisses par des couches qui augmentent d'épaisseur progressivement et en général très rapidement. On passe ensuite d'une manière semblable aux zones de couches minces par des couches qui diminuent d'épaisseur progressivement, généralement assez vite, mais moins cependant que dans l'alternative précédente.

Cette alternative de croissance rapide et lente a pour effet de ralentir l'accroissement et de diminuer l'homogénéité ligneuse. On évite ces inconvénients en renouvelant les coupes à des périodes égales et de courte durée, et en proportionnant le volume des bois exploités à l'accroissement qui se produit dans l'intervalle des coupes.

L'existence d'arbres qui ont échappé à ces alternatives de végétation et suivi une marche régulière confirme cette indication. Ils prennent de plus belles proportions et arrivent plus rapidement que les autres aux grandes dimensions. Les différences d'âge entre les arbres de même dimension varient quelquefois du simple au double et même davantage, de telle sorte qu'il y a dans les mêmes conditions de fertilité des arbres de soixante ans, par exemple, dont le cube et la valeur marchande sont égaux à ceux d'arbres de cent vingt ans et plus, sans qu'il soit possible d'assigner à ces différences d'autres causes que celles des alternatives de végétation

Les périodes de croissance lente commencent, pour un arbre, lorsque ses voisins plus vigoureux ont pris assez de développement pour le gêner et lui soustraire une partie de sa nourriture. Cet état de gêne est quelquefois si grand que le même arbre qui présente sur certaines zones des couches de 5 millimètres, en a dans d'autres zones qui ont moins d'un millimètre d'épaisseur, et que l'on ne peut quelquefois apprécier qu'à la loupe et après avoir fait, avec un instrument bien tranchant, une section inclinée sur la tige.

36. Les particuliers ne font en général que deux sortes de coupes dans les sapinières : la coupe *jardinatoire* et la coupe *rase*. Il y en a une troisième, la coupe de *régénération*.

37. Coupe rase et coupe de régénération. — La coupe rase est l'exploitation en une seule fois de tout le bois existant sur la superficie. Par la coupe de régénération, on l'exploite au contraire en plusieurs fois, de manière à produire et à dégager un repeuplement naturel en essences de la futaie [1].

Après la coupe rase, comme après la coupe de régénération, le repeuplement naturel est rarement complet en bonnes essences. Le sol se recouvre, surtout après la coupe rase, de végétations adventices à l'abri desquelles vient un semis naturel des essences de la forêt coupée. Ce semis est généralement suffisant pour reconstituer la

---

(1) V. 2ᵉ partie.

forêt. Les morts-bois disparaissent au bout de quelques années, et les essences feuillues cèdent peu à peu la place aux essences résineuses, qui reprennent la prépondérance.

38. Dans les sapinières soumises à ce régime, l'exploitation se fait lorsque le plus grand nombre des arbres ont acquis une valeur marchande. Jusqu'à ce terme, qui est celui de la *révolution*, beaucoup sèchent, quelques-uns sont coupés accidentellement, et le massif reste serré. Les arbres soutiennent entre eux une lutte continuelle et s'efforcent de conserver dans le sol et dans l'atmosphère assez d'espace pour prendre leur nourriture. Tant que la forêt est jeune et vigoureuse, les arbres les plus faibles succombent assez rapidement, et il se fait une éclaircie naturelle. Mais à mesure que les arbres avancent en âge, la lutte est plus soutenue, elle devient même épuisante, et finirait par entraîner le dépérissement si l'on ne faisait pas la coupe.

Cette marche de l'accroissement dans les forêts ainsi traitées est nettement accusée sur la section des souches. On remarque au centre une zone considérable dont les couches concentriques sont progressivement plus épaisses, puis une zone généralement petite, présentant des couches concentriques à peu près de même épaisseur, et à partir de ce point une décroissance continue jusqu'au dépérissement de l'arbre, qui n'arrive souvent qu'après une longue série de couches tellement minces qu'on a de la peine à les compter.

On est tenté d'admettre que dans cette lutte pour l'existence, les arbres prennent plus de hauteur qu'étant progressivement espacés de manière à la prévenir. Mais une observation constante prouve qu'ils s'épuisent et cessent de croître en hauteur et en grosseur avant d'avoir atteint les dimensions auxquelles ils parviennent dans les forêts aménagées.

39. Avec l'exploitation par coupes rases, il y a dans la forêt aménagée autant de coupes que d'années dans la révolution. Elles sont d'âge gradué, ce qui constitue la régularité dans les forêts de ce genre. Cette régularité est moindre avec l'exploitation par coupes de régénération, parce qu'il faut plusieurs années pour produire et dégager le semis naturel en essences de la forêt.

40. Le repeuplement, qu'il provienne de la coupe rase ou de la coupe de régénération, est accompagné d'une végétation adventice. Dans la forêt aménagée, on la fait disparaître à plusieurs reprises, jusqu'à ce que les bonnes essences soient devenues maîtresses du sol. Ces coupes sont dites de *nettoiement*.

41. Après les coupes de nettoiement, les jeunes arbres ont d'abord une végétation très active. Mais le peuplement ne tarde pas à devenir serré, et il s'établit entre les arbres dont il se compose une lutte qui se fait au préjudice de l'accroissement. Pour y obvier, on coupe les arbres défectueux et superflus, et l'on conserve en nombre suffisant pour que le massif ne soit pas interrompu les arbres les meilleurs et les mieux placés. C'est l'*éclaircie*. Elle doit se renouveler périodiquement, mais elle ne produit pas toujours l'effet qu'on en attend. La conservation du peuplement complet en bois de même âge jusqu'à l'époque de la régénération ralentit la végétation,

et le couvert, en s'élevant, cesse de conserver la fraîcheur
du sol.

42. Avant le terme fixé pour l'exploitation, le peuplement en bois de même âge est plus fortement éclairci afin
que le semis se produise. C'est la coupe d'*ensemencement*.

Quand le semis a pris de la force, on éclaircit de nouveau les vieux bois. C'est la coupe *secondaire*.

Et quand le semis peut se passer de leur protection,
on achève de les enlever. C'est la coupe *définitive*.

Les coupes d'ensemencement secondaire et définitive
sont dites de *régénération*.

43. Les difficultés du réensemencement naturel dans
les repeuplements en bois de même âge et les inconvénients des coupes de régénération ont fait adopter la
coupe rase de proche en proche avec repeuplement artificiel. Le sol est exactement nettoyé après la coupe, et
pour prévenir les végétations adventices on repeuple
l'année même de la coupe. A cet effet, on entretient des
pépinières qui fournissent les plants de premier repeuplement et ceux plus forts destinés à remplacer les
manquants.

La forêt ainsi obtenue se traite ensuite par les coupes
de nettoiement et d'éclaircie, jusqu'au terme de la *révolution*.

Aux inconvénients de la forêt d'âge gradué et de
l'éducation des peuplements en bois de même âge,
s'ajoutent ceux des repeuplements artificiels, qui sont
coûteux et moins bons que les repeuplements naturels.

Enfin, sur chaque coupe, lorsqu'elle arrive en tour

d'exploitation, le capital forestier est détruit. Les frais de repeuplement sont une charge onéreuse en raison du temps nécessaire au rétablissement de la forêt et du capital forestier.

44. Coupe jardinatoire. — Elle consiste à choisir dans la forêt les arbres à exploiter. Pour mettre de l'ordre dans ce choix, la forêt est partagée en divisions par des tranchées ouvertes, entretenues et fixées à leurs extrémités par des bornes numérotées. Les coupes se succèdent de proche en proche par division et se renouvellent dans le même ordre tous les six, huit ou dix ans.

Les arbres à exploiter sont marqués suivant l'usage du pays. Quelquefois on vend tous les arbres dépassant un minimum de grosseur fixé. Mais il est préférable de régler les coupes en raison de l'accroissement obtenu pendant leur intervalle.

Dans la forêt *régulière*, chaque division, quand elle vient en tour, fournit l'équivalent de cet accroissement, et à des coupes égales en volume correspondent des surfaces inversement proportionnelles à l'accroissement, c'est-à-dire à la fertilité. La forêt se reproduit naturellement, sans frais et en sujets d'élite. La coupe ne découvre jamais le sol et le capital forestier n'est jamais entamé.

45. Une sapinière est à l'état *régulier* ou *normal* quand elle donne le revenu le plus avantageux. Ce résultat est atteint quand toutes les divisions de la forêt sont elles-mêmes *régulières*.

Une division est *régulière* ou *normale* quand elle se

compose d'arbres vigoureux, en nombre suffisant et convenablement agencés pour qu'elle rende le maximum d'accroissement. Ce résultat ne peut être obtenu qu'avec la coupe périodiquement renouvelée, ayant pour but l'enlèvement du matériel défectueux ou superflu, c'est-à-dire avec la coupe *jardinatoire*.

46. Dans la forêt *jardinée*, le peuplement n'est plus d'âge gradué. C'est au contraire le mélange des âges qui en constitue la régularité, mais il doit correspondre à un certain type. Les âges sont groupés de telle sorte que sur chaque division et presque sur chaque point de la forêt se trouvent en même temps des sujets de tous les âges, depuis le semis de l'année jusqu'à l'arbre exploitable.

Chaque essence et chaque classe d'âge doivent être représentées partout dans la mesure la plus utile.

C'est le *contrôle* [1], par la comparaison du dénombrement des arbres de la futaie périodiquement renouvelé, qui fait connaître l'accroissement et par suite la coupe de chaque période. Elle sera égale, moindre ou plus forte que cet accroissement, au gré et selon l'intérêt du propriétaire, qui est d'avoir sa forêt à l'état normal, c'est-à-dire composée de deux étages de végétation : près du sol, un sous-bois dans lequel se recrutent les arbres de la futaie, et par-dessus, un étage supérieur formé de ces arbres mêmes, dans lequel se prend la coupe principale, qui est immédiatement suivie, et dans les mêmes limites, de la coupe de nettoiement avec préparation de futaie.

[1] V. IIe partie.

CHAPITRE IV

FUTAIE FEUILLUE

---

47. Par définition, la *futaie* est l'arbre de fortes dimensions, et la *futaie pleine*, la forêt destinée plus particulièrement à produire de tels arbres et à se régénérer par la semence.

48. La futaie feuillue s'exploite d'après les mêmes principes que la sapinière, et l'on y rencontre les deux types décrits précédemment, la forêt *d'âge gradué* et la forêt *d'âge mêlé* ou *jardinée*.

49. Dans la forêt feuillue *d'âge gradué*, les coupes de régénération réussissent, le plus souvent, mieux que dans la sapinière. Mais dans le repeuplement naturel, outre les végétations adventices, les rejets de souche s'ajoutent aux brins de semence.

Les rejets de souche sont extraits et l'on regarnit avec des plantations auxquelles on emploie souvent et avec profit les essences résineuses.

Par les coupes de nettoiement on fait disparaître les essences adventices, ainsi que les rejets qui peuvent survivre aux arrachis, et il ne reste plus que les essences précieuses pour le moment des coupes d'éclaircie.

Dans la forêt d'âge gradué, la conservation à l'état complet des peuplements en bois de même âge, afin de prévenir la production des rejets de souche, des essences adventices et même des semis naturels jusqu'à l'époque des coupes de régénération, a pour effet de ralentir l'accroissement. Le terrain devient sujet à la sécheresse quand le couvert s'élève, et ce mode de traitement est peu rémunérateur.

50. Il en est tout autrement avec la forêt *jardinée*. Le sol n'est jamais découvert, le semis naturel se produit partout, et dans le sous-bois les rejets de souche, aussi bien que les brins de semence, concourent à la fertilité et à la production. Des sujets d'élite se dégagent peu à peu et prennent place naturellement dans la futaie dès qu'ils atteignent un minimum de grosseur fixé.

La coupe principale, immédiatement suivie de la coupe de nettoiement avec préparation de quelques-uns des meilleurs brins, se renouvelle périodiquement, et enlevant dans chaque classe le matériel en excès, ramène chaque fois le peuplement à l'état normal.

51. La forêt est partagée en divisions égales. Elles servent à l'assiette des coupes qui se succèdent de proche en proche et suppriment en même temps, dans le sous-bois et dans la futaie, tout ce qu'il n'est pas utile de réserver.

En exploitant une division par an, les coupes annuelles seront d'égale contenance. Mais le produit de la futaie étant réglé pour chaque division en raison de son

accroissement, qui varie avec la fertilité, les coupes
d'égale contenance seront d'inégal volume.

Les coupes annuelles, pour être d'*égal volume*, chaque
division ne fournissant qu'en proportion de son accroissement, devront comprendre une ou plusieurs divisions,
et leur contenance totale sera *inversement* proportionnelle à la fertilité.

52. Les coupes reviennent toujours dans le même
ordre, et leur périodicité détermine dans le sous-bois la
gradation des âges de proche en proche.

Dans chaque division, le sous-bois est surmonté d'une
réserve formant un étage supérieur de végétation dans
lequel les arbres de futaie diffèrent entre eux d'une ou
de plusieurs révolutions. Ils sont d'âge mêlé, non confu-
sément, mais avec un certain art qui est de les choisir
de bonne qualité, d'essences propres à la futaie, ni trop
nombreux ni groupés de manière à se nuire et à pré-
judicier à l'accroissement.

53. La périodicité des coupes de taillis est d'une durée
très variable. Avec les longues révolutions, vingt à vingt-
cinq ans et quelquefois davantage, la futaie ne peut être
nombreuse, le taillis a beaucoup d'importance, et la
forêt prend le nom de taillis *sous futaie* ou *taillis com-*
posé.

Elle le conserve encore avec les courtes révolutions,
bien que leur effet soit d'enlever la prépondérance du
taillis et de la faire passer à la futaie, qu'il devient possible d'augmenter dans de très grandes proportions.

54. Dans les taillis, la réserve consiste en *baliveaux,*
modernes et *anciens.*

Il n'est pas indifférent de la composer en vieilles ou en jeunes futaies. Le contrôle (1) donne le moyen de composer la réserve de la façon la plus avantageuse, de calculer le *quantum* et le *taux* de l'accroissement de la futaie, et de rendre la culture forestière intensive et rémunératrice; c'est par l'éducation de la futaie que l'on y parvient, et la formation de la réserve est l'affaire la plus importante de la gestion des taillis.

On doit toujours faire une réserve abondante en baliveaux de l'âge. Le surplus de ce qu'il faut pour le recrutement de la futaie à la révolution suivante s'exploite et donne le gros rondin et le menu bois d'industrie. On le perd dans le taillis par l'abaissement de la révolution des coupes, lorsqu'on se propose d'arriver à la culture intensive, mais l'excès de baliveaux à exploiter à la révolution suivante le donne par surcroît.

55. Dans un taillis de chêne de vingt ans, où les baliveaux de l'âge valent en moyenne 25 centimes, on rencontre des sujets qui valent 50 et même 60 centimes pièce. Et il est digne de remarquer que ces sujets d'élite sont encore ceux qui, pendant la révolution suivante, prennent l'accroissement le plus avantageux.

56. Si l'on étudie la conformation des baliveaux d'élite et les conditions dans lesquelles ils se produisent, on reconnaît qu'ils ont crû sans être gênés par le taillis, et que leur tige est droite, élancée et dépourvue de branches basses. Le moyen de les multiplier est donc de dégager et d'émonder quelques-uns des sujets les

(1) V. II° partie.

meilleurs et les mieux placés pour le recrutement de la futaie. C'est la *préparation de futaie*.

Cette opération peut commencer trois ou quatre ans après la coupe du taillis. Il suffit de cinquante ou mieux de cent brins, si on les trouve. En même temps on dégagera, s'il y a lieu, les plantations de forts plants qu'il est toujours avantageux de faire après la coupe [1].

57. L'émondage se fait avec la serpette ou mieux au sécateur. Il suffit de le pratiquer sur les branches principales, celles qui tendent à troubler l'équilibre de la sève. Au lieu de les supprimer on peut se borner à les raccourcir.

Ainsi pratiqué, il est peu dispendieux et s'appliquera utilement à quelques-uns des meilleurs rejets. — Il simplifie la taille des futaies pour plus tard et en dispense souvent.

58. Les vieilles futaies diminuent la production du taillis par leur couvert. Les branches basses sont les plus nuisibles. Elles peuvent déformer la tige et déprécier le bois de service.

Il est d'ailleurs bien connu que la futaie prend plus d'accroissement et s'élance davantage quand la tête et le fût sont entre eux dans une bonne proportion et que, par sa disposition régulière autour de l'arbre, le branchage assure l'équilibre de la sève.

Par la taille on peut rectifier l'arbre, diminuer son couvert et augmenter sa longueur de fût.

Utile aux arbres jeunes, cette opération est dangereuse

(1) V. Traitement et aménagement.

sur les vieilles futaies. On ne doit ni suprimer ni raccourcir de branches, mais seulement diminuer celles qui sont trop fortes. A cet effet on enlève une ou plusieurs de leurs ramifications, travail qui n'exige pas les mêmes soins que la taille.

59. L'élagage n'est utile qu'exceptionnellement dans la futaie pleine. Il se fait rez tronc sur les arbres résineux, lorsqu'ils ont atteint le minimum de grosseur à partir duquel ils comptent dans la futaie. S'il doit s'élever à plus de 3 mètres de hauteur, il convient de le faire en deux fois, avec un intervalle de six ans au moins entre les deux opérations. Jamais il ne doit s'élever à plus du quart de la hauteur de l'arbre.

CHAPITRE V

TRANSFORMATION DES FUTAIES IRRÉGULIÈRES

—————

60. Il y a deux forêts types, celle d'*âge gradué* et celle d'*âge mêlé*. Sans qu'il soit question de la préférence à donner à l'une ou à l'autre, on rencontre, dans la pratique, des forêts irrégulières, à quelque point de vue qu'on se place.

61. Les forêts non aménagées sont nombreuses. Elles s'exploitent d'une façon plus ou moins arbitraire, c'est-à-dire selon les lieux, les temps, les intérêts et les convenances du propriétaire.

Le nombre d'années nécessaire pour obtenir les bois exploitables est très variable. Le saule des oseraies s'exploite tous les ans, il faut cent ans et plus à l'arbre qui doit donner une pièce de forte dimension, et entre ces extrêmes, tous les termes d'exploitabilité sont possibles. Il y a plus, les arbres de mêmes dimension et qualité sont souvent d'âges très différents.

Lorsque par ces motifs ou d'autres on jugera à propos de ne pas aménager la forêt, la régularisation consistera à introduire des mesures d'ordre permettant de constater le capital forestier, le revenu qu'il donne par les coupes et le rapport du revenu au capital, c'est-à-dire le taux du placement en forêt.

Le partage de la forêt en divisions fixes pour servir tant à l'assiette des coupes qu'au dénombrement de la futaie, et le registre de ces opérations, sont des mesures d'ordre qui permettent de se rendre compte, mais ne lient pas.

62. L'aménagement est la conséquence de l'adoption de l'un des deux types de forêt.

Au point de vue de l'âge gradué, la forêt d'âge mêlé est irrégulière et doit être transformée en substituant, le plus rapidement et le plus économiquement possible, la succession au mélange des âges. Cette opération est du ressort de l'aménagement, dont il est traité à la deuxième partie du manuel.

Considérée au point de vue de la reproduction, la forêt d'âge gradué sera le taillis *simple*, si elle se repeuple par rejets de souche, et, par analogie, la futaie *simple*, si elle se repeuple par la graine.

Dans le taillis *simple*, la révolution des coupes est de courte durée en raison du mode de reproduction. Les souches, en vieillissant, perdent la propriété de rejeter vigoureusement.

Dans la futaie *simple*, elle est subordonnée à la maturité des arbres en raison de la fertilité des graines et des dimensions qu'ils doivent acquérir pour être exploitables.

Elle peut être longue ou courte indifféremment, selon

l'intérêt et au gré du propriétaire, quand il a recours à
la régénération *artificielle*.

63. Au point de vue de l'âge mêlé, la forêt d'âge
gradué est irrégulière et doit être transformée en substituant, le plus rapidement et le plus économiquement
possible, la forêt d'âge mêlé à la forêt d'âge gradué.
Cette transformation est le retour à l'état naturel du
mélange des âges et ne présente pas les mêmes difficultés que la précédente. La gradation des âges de proche
en proche est au contraire un état factice difficile à créer
et à entretenir.

64. Sans prendre parti pour un type ou pour l'autre,
le propriétaire qui renouvelle les dénombrements de la
futaie par division, en classant les arbres par essence et
par grosseur, et compare ces états entre eux, ce qui est
le *contrôle*, se rend compte du matériel et de son accroissement. Il peut, dès lors, régler les exploitations d'après
les indications qui en découlent, et il arrive nécessairement et aussi rapidement que possible au type le plus
conforme à ses intérêts et à ses convenances.

A partir de ce moment, la coupe équivalente à l'accroissement ramènera périodiquement à l'état normal chacune des divisions de la forêt, et assurera la conservation
du capital forestier et son exploitation la plus avantageuse.

65. De même que la forêt d'âge gradué est le taillis
simple ou la futaie *simple*, la forêt d'âge mêlé est le
taillis *composé* ou la futaie *composée*, avec les nuances
très variées qu'ils présentent en raison de la révolution
plus ou moins longue et de la consistance de la futaie.

La futaie mêlée réunit les avantages des deux modes de reproduction : les rejets de souche et la graine tombant naturellement des arbres. Elle se recrute en brins d'élite qui se dégagent peu à peu et sans frais du sousbois, et s'ajoutent naturellement à la futaie dès qu'ils atteignent le minimum de grosseur voulu pour en faire partie.

CHAPITRE VI

QUALITÉ DES BOIS, CUBAGE ET ESTIMATION

---

66. La qualité du bois, abstraction faite de la longueur et de la grosseur, dépend de l'homogénéité d'abord, et ensuite de la nature de la couche annuelle ou veine ligneuse.

67. L'homogénéité est le résultat de l'égalité soutenue des conditions de végétation dans lesquelles l'arbre s'est développé. Le bois qui provient des forêts non aménagées et irrégulières présente tantôt des zones de veines serrées et tantôt des zones de veines larges.

Les arbres des forêts exploitées par coupes rases, ayant crû en massifs serrés et de même âge, donnent des bois homogènes à veine grosse au centre et décroissant ensuite d'une manière à peu près continue jusqu'au pourtour de l'arbre, où elles sont extrêmement minces.

Dans les forêts régulièrement traitées d'après les deux types décrits précédemment, le bois est homogène. La veine est un peu plus large et un peu plus nerveuse dans la forêt jardinée ou d'âge mêlé que dans la forêt d'âge gradüé. Dans celle-ci elle a un peu plus de finesse, moins cependant avec le régime des éclaircies périodiques que dans la forêt abandonnée à elle-même où se fait l'éclaircie naturelle.

Il suffit, pour s'en rendre compte, d'étudier la composition de la veine ou couche ligneuse d'une année.

68. La veine, résultat de l'accroissement de l'année, se compose de deux parties distinctes, l'une dure et l'autre tendre. Il n'est pas facile de faire cette distinction pour toutes les essences, mais l'observation montre que la partie dure de la veine des chênes, des sapins et des épicéas qui ont crû dans des conditions régulières de végétation est plus large, comparativement à la partie tendre, que s'ils ont crû serrés. A l'appui de cette observation, les ouvriers qui emploient le bois reconnaissent comme plus nerveux celui qui provient des forêts régulières.

69. On distingue dans l'arbre le *fût* ou *tronc*, qui donne plus particulièrement le bois d'œuvre, et le *houpier* ou *branchage,* qui donne quelquefois du bois d'œuvre, mais surtout du bois de feu.

Toutes les parties du fût ne sont pas d'égale qualité. Le bois de la partie inférieure est généralement plus dense et plus résistant que celui de la partie moyenne et surtout de la partie supérieure. Le bois de la partie moyenne est généralement plus droit et plus propre à la fente. La partie supérieure est le plus souvent noueuse.

70. Suivant que l'arbre doit être scié, équarri ou livré à la fente, il perdra par le débit une partie de son volume, il éprouvera un certain déchet.

Le volume exact d'un arbre est égal à celui de l'eau qu'il déplace et s'obtient par immersion. Si l'arbre est immergé avec son écorce, on obtient le volume en *grume*. S'il est écorcé, on obtient le volume *rond* ou écorcé. S'il n'est immergé qu'après débit, on obtient le volume *fabriqué* ou *net de déchet*.

71. Estimation des bois abattus. — Le cubage est l'art d'obtenir par un calcul rapide un volume très approché du volume exact.

Les tables de cubage sont des *barêmes* ou *comptes faits* donnant le cube des arbres quand leurs dimensions sont déterminées. Ces tables ont deux entrées. En tête des colonnes est indiquée la grosseur, en marge la longueur, et à l'intersection le cube.

Les éléments de calcul sont la longueur et la grosseur au milieu, et les arbres étant cubés comme cylindres de circonférence moyenne ou comme prismes droits à base rectangulaire, il y a deux principales tables de cubage.

Celles qui sont calculées d'après la circonférence moyenne donnent le volume en *grume* ou *réel,* si la circonférence a été mesurée sur l'écorce. Elles le donnent rond ou écorcé, si la circonférence a été mesurée après enlèvement de l'écorce.

72. Les tables calculées d'après les bases du prisme droit déduites de la circonférence moyenne donnent le volume réduit, c'est-à-dire diminué d'une certaine quantité qui doit représenter le déchet de fabrication. En principe, le rectangle de base a pour côté le quart de la circonférence avec ou sans déduction. En prenant pour base du prisme droit rectangulaire le quart de la circonférence mesurée sur l'écorce, on a le volume *au quart sans déduction*. Si avant de prendre le quart de la circonférence, on retranche d'abord un *cinquième*, un *sixième* ou un *douzième*, on a le volume au *cinquième*, au *sixième* ou au *douzième* déduits. — Dans la pratique on n'a pas toujours un carré pour base du prisme, et l'on prend le rectangle dont la somme des côtés approche le plus du restant de la circonférence après la déduction convenue.

73. En représentant par c la circonférence moyenne et par h la longueur, le volume V de l'arbre, selon les différents modes de cubage, s'exprime de la manière suivante :

Cubage comme cylindre de circonférence moyenne :
$V = \pi r^2 h = \frac{1}{12,564} \times c^2 h = 0,07959 c^2 h$, et en nombre rond $V = 0,08 c^2 h$, formule adoptée pour le calcul de la table de cubage des bois en grume reproduite à la fin du volume.

Cubage au quart sans déduction : $V = \frac{1}{16} c^2 h = 0,0625 c^2 h$, donnant sur le volume en grume un déchet de $\frac{796-625}{796} = \frac{171}{796} = 0,215$, soit 21 %.

Cubage au cinquième déduit : $V = \frac{1}{25} c^2 h = 0,04 c^2 h$, donnant sur le volume en grume un déchet de $\frac{796-400}{796} = 0,491$, soit 49 %.

Cubage au sixième déduit : $V = \frac{25}{576} \times c^2 h = 0,0434 c^2 h$, donnant sur le volume en grume un déchet de $\frac{796-434}{796} = \frac{362}{796} = 0,454$, soit 45 %.

Cubage au douzième déduit : $V = \frac{121}{2,304} c^2 h = 0,0525 c^2 h$, donnant sur le volume en grume un déchet de $\frac{796-525}{796} = \frac{271}{796} = 0,340$, soit 34 %.

La même table, quelle que soit la réduction faite sur la circonférence pour déterminer la base du prisme ou les côtés de l'équarrissage, dès que ces côtés sont fixés, donne le cube cherché.

Le cubage des arbres comme prismes droits n'offre pas d'uniformité, car, dans la pratique, la réduction sur la circonférence est souvent arbitraire et les procédés de mesurage ne sont pas toujours précis.

Le perfectionnement de l'outillage, en modifiant les déchets de fabrication, a discrédité les anciennes formules de cubage, et l'emploi du mètre cube grume tend de plus en plus à se généraliser.

74. Estimation des bois sur pied. — Les éléments de calcul sont encore la longueur et la grosseur au milieu, mais ils ne peuvent être mesurés directement sur les arbres debout.

En se fondant sur la similitude des arbres, ce qui n'est pas complètement exact, il est admis, pour l'établissement des tarifs, que les arbres de même grosseur à une hauteur accessible, 1^{m}33 au-dessus du sol, ont par essence et par forêt la même hauteur et la même grosseur au milieu. On les classe de 2 en 2 décimètres de tour, mesure prise à 1^{m}33 de hauteur, et l'on détermine par des mesurages directs sur des bois abattus les hauteurs et grosseurs moyennes correspondantes. La table de cubage des bois abattus donne ensuite les cubes à inscrire au tarif d'estimation des bois sur pied [1].

_____

(1) Les cubes du tarif d'estimation des bois sur pied étant obtenus à l'aide de moyennes, ne peuvent s'appliquer à des arbres déter-

Ces moyennes sont assez longues à déterminer. Il est généralement plus simple d'adopter un tarif connu et de le rectifier s'il y a lieu, à l'aide de mesurages sur les arbres abattus dans les coupes (1).

75. Pour estimer les futaies d'une forêt, on en fait le dénombrement par division. Les arbres sont mesurés à 1ᵐ33 de hauteur et classés comme au tarif. Les mesurages se font avec des rubans gradués, ou, d'une façon plus expéditive, avec le compas forestier gradué d'après le classement du tarif, de 2 en 2 décimètres de tour. Le dénombrement terminé, on en fait la récapitulation et on applique le tarif.

76. Le cubage au diamètre se fait d'après les mêmes principes que le cubage à la circonférence. La graduation seule est changée. Les arbres sont classés au tarif et au compas de 5 en 5 ou de 10 en 10 centimètres de diamètre à 1ᵐ33 de hauteur.

Le cubage à la circonférence vient des anciens usages commerciaux encore très répandus. Il est plus dans les habitudes et n'est inférieur sous aucun rapport au cubage au diamètre.

77. Le marchand qui achète au mètre cube a intérêt à stipuler le mode de cubage qui donne le plus fort déchet, et à faire mesurer la circonférence après enlève-

minés. Ils n'ont d'exactitude qu'autant qu'ils s'appliquent à l'ensemble des arbres d'une division. La rectification de ces tarifs se fait à l'aide du mesurage des arbres abattus dans les coupes. (Voir IIIᵉ partie.)

(1) Voir à la fin du volume les tarifs pour l'estimation sur pied des bois résineux et des bois feuillus établis pour des forêts dans lesquelles les bois se groupent en trois classes de hauteur.

ment de l'écorce, lors même que dans l'établissement des prix on tiendrait exactement compte des différences de cubage.

Les modes de cubage ne sont pas toujours spécifiés et appliqués avec toute l'exactitude désirable pour qu'on puisse établir des comparaisons certaines entre les prix. Les différences de prix tiennent souvent aux différences dans la manière d'appliquer un même mode de cubage. Si l'on vendait toujours au mètre cube en grume, les comparaisons offriraient plus de garanties d'exactitude.

78. Branchages et débris des exploitations. — Le volume exact des tiges s'obtient par immersion (§ 70). Il en est de même pour les branchages et débris d'exploitation. Dans la pratique on les estime en stères et fagots par hectare et par arbre ou par mètre cube de futaie exploitée (1).

79. Estimation des taillis. — En considérant séparément toutes les tiges du taillis, on pourrait en déterminer le volume réel d'après les mêmes principes que pour la futaie.

Dans la pratique, on se borne à faire l'estimation par virée, opération qui consiste à apprécier le bois existant sur une surface connue.

---

(1) Voir la note aux tarifs d'estimation des bois sur pied, à la fin du volume.

Exemple d'estimation dans les taillis simples et sous futaie par hectare :

Nature des produits.	Taillis de 20 ans.			Taillis de 25 ans.			Taillis de 30 ans.		
	Bon sol.	Sol moyen.	Sol mé-diocre.	Bon sol.	Sol moyen.	Sol mé-diocre.	Bon sol.	Sol moyen.	Sol mé-diocre.
Stères	200	160	130	230	185	150	250	200	170
Fagots	1500	1800	2000	1600	1900	2100	1700	2000	2200

CHAPITRE VII

EMPLOIS ET USAGES DES BOIS

---

80. Les emplois et usages des bois sont extrêmement variés, et l'application de la chimie à la substance ligneuse, par le développement qu'elle prend depuis un certain nombre d'années (1), semble agrandir considérablement le débouché des forêts. Elles sont peut-être la source la plus importante de la matière organique.

Les coupes principales donnent, le plus souvent, des produits de vente facile. Il n'en est pas toujours de même des coupes d'amélioration, dont le débouché moins étendu doit appeler tout particulièrement l'attention.

Serait-il possible d'utiliser chimiquement les débris de coupe ?

La solution de ce problème serait intéressante à plus d'un titre.

Le tableau suivant renferme quelques indications sur les principaux emplois et usages des bois.

(1) *Des emplois chimiques du bois dans les arts et l'industrie*, par Othon PETIT, ingénieur, ancien élève de l'école forestière. Paris, 1888; librairie polytechnique. Paul Boudry, éditeur.

DÉSIGNATION des produits façonnés.	DIMENSIONS.	EMPLOIS ET USAGES.	PROVENANCE.
Bardeaux.	Longueur, 0m45; largeur, depuis 0m10; épaisseur, 0m015. Longueur, 0m27; largeur, depuis 0m08; épaisseur, 0m004 à 0m008.	Se font de chêne, sapin, épicéa. *Servent aux toitures des habitations.*	Coupes principales.
Bois de charbonnette.	Longueur de bûche, 0m70 sur un diamètre *minimum* de 0m02.	Toutes essences. *Fabrication du charbon pour les forges, la maréchalerie, etc.*	Coupes de taillis et de futaie. Coupes d'éclaircie et de nettoiement. Débris de coupes.
Bois d'allumettes	Dimensions variables.	Essences diverses. *Fabrication des allumettes chimiques.*	Coupes de taillis et de futaie.
Bois de corde.	Quartier. Longueur de bûche de 1m à 1m33; diamètre, depuis 0m12. Rondin. Longueur de bûche, 1m à 1m33; diamètre, depuis 0m06.	Toutes essences, principalement hêtre et charme. *Chauffage des habitations, etc.*	Coupes de taillis et de futaie. Coupes d'éclaircie de futaie.
Bois de tour.	Dimensions indéterminées.	Buis, lierre, sureau, if, poirier, alisier, sorbier, etc. *Objets divers*	Coupes de taillis et de futaie.

DÉSIGNATION des produits façonnés.	DIMENSIONS.	EMPLOIS ET USAGES.	PROVENANCE.
Boissellerie.	Dimensions variables.	Essences diverses. *Mesures à grains, caisses de tambours, cribles, tamis, violons, moules à fromages.*	Coupes de taillis et de futaie.
Bourrées. Cellulose de papier et distillation.	1^m de tour sur 1^m de longueur.	Toutes essences. *Chauffage des fabriques, tuileries, etc.*	Premières *éclaircies.* Débris des exploitations.
Cercles.	Dans l'Yonne, bottes de 2^m27 à 2^m59 de longueur sur 1^m02 à 1^m08 au gros bout et 0^m81 au petit. — Dans la Marne, couronnes de 25 cercles de 2^m20 de longueur.	Chêne, châtaignier, noisetier, saule, sapin, épicéa, etc. *Tonnellerie.*	Coupes d'*éclaircie* et de taillis. Branches de sapin et d'épicéa.
Charbon à poudre.	Menus bois réduits en fagots.	Nerprun-bourdaine, saule, essences à bois tendre. *Fabrication de la poudre*	Coupes d'*éclaircie.*

Charpente parisienne.	Gros bois, depuis 0m35 sur 0m35 d'équarrissage avec au moins 10m de longueur. Bois moyen, depuis 0m24 d'équarrissage, avec au moins 10m de longueur. Petit bois, depuis 0m13 sur 0m13 d'équarrissage, avec au moins 10m de longueur.	Essences résineuses. *Constructions, surtout à Paris et Lyon.*	Coupes *d'éclaircie* et coupes principales.
Charpente vosgienne.	Chevron, de 0m16 à 0m22 de diamètre au milieu sur 9m de longueur et plus. Panne simple, de 0m22 à 0m32 de diamètre au milieu sur 12 à 14m de longueur. Panne double, de 0m32 à 0m36 de diamètre au milieu sur 15m de longueur et plus. Bois de divers échantillons.	Essences résineuses. *Constructions, surtout en Lorraine.*	Coupes *d'éclaircie* et coupes principales.
Charronnage.		Orme, frêne, chêne, érable, acacia, etc. *Jantes de roues, moyeux, rais, brancards, flèches, limonières, etc.*	Coupes principales.

DÉSIGNATION des produits façonnés.	DIMENSIONS.	EMPLOIS ET USAGES.	PROVENANCE.
Chemins de fer.	Traverses de la voie, 2m70 sur 25/16 et 21/16; traverses de joint, 2m80 sur 30/18; traverses d'entreprise, 1m70 à 1m60 sur 15/15.	*Les traverses de la voie et de joint sont surtout de chêne. Celles d'entreprises sont de toutes essences.*	Coupes principales.
Clayonnage.	Fagots de perches minces et flexibles, de 2 à 3m de longueur.	*Essences diverses. Servent à relier les pilots dans les endiguements.*	Coupes d'éclaircie.
Clôtures.	Piquets. Longueur, 1m; largeur, 0m03; épaisseur, 0m02. Longueur, 2m; largeur, 0m09; épaisseur, 0m03. Lisses pour palissades. Largeur, 0m11; épaisseur, 0m08.	*Chêne. Barrières de chemins de fer, clôtures d'usines, etc.*	Coupes principales.
Distillation.	Dimensions du bois de charbonnette.	Toutes essences. *Acide pyroligneux. Produits chimiques variés.*	Coupes d'éclaircie et autres.
Douelles.	Longueur, 0m850 sur 0m090 de largeur et 0m043 d'épaisseur.	Essences à bois tendre et essences résineuses. *Tonneaux d'emballage*	Coupes d'éclaircie.
Ebénisterie.	Panneau, de 0m22 à 0m24 sur 0m020 à 0m022; volige, de 0m22 à 0m24 sur 0m013 à 0m015.	Chêne, hêtre, noyer, if, frêne, orme, etc. *Fabrication des meubles.*	Coupes principales.

Echalas, carassons, piquets de vigne.	Longueur, 2m17, 1m62, 1m46, 1m35, 1m14, 1m, 0m66, selon les cultures.	Châtaignier, chêne, sapin, pin maritime, acacia, morts-bois, etc. *Culture de la vigne.*	Coupes d'*éclaircie* et de taillis.
Ecorce.	Bottes de 1m14 de longueur sur 1m29 de circonférence; poids, de 13 à 15 kilogr.	Chêne, châtaignier, épicéa, bouleau. *Tannage des cuirs et chauffage.*	Coupes de taillis.
Etablis, étaux.	Grandes et fortes tables.	Hêtre et orme. *Boucheries, cuisines, ateliers de menuisiers, etc.*	Coupes de taillis et de futaie.
Fagots.	0m80 de tour sur 1m15 de longueur.	Toutes essences. *Chauffage, etc.*	Premières *éclaircies* et *nettoiements.* Débris des exploitations.
Fascines.	Fagots de 0m50 à 0m60 de tour, de longueur variable.	Essences diverses. *Se plantent derrière les pilots reliés par le clayonnage. Drainage des terres humides.*	Coupes d'*éclaircie.* Morts-bois.
Harts ou mailles	Rouettes à coupler, à flotter, à bourrées, à fagots, écorce, de moisson, etc.	Chêne, charme, coudrier, bouleau, sapin, etc. *Flotage des bois, façon des bourrées, fagots, bottes d'écorce, liens pour la moisson, etc.*	Coupes d'*éclaircie* et de taillis.

DÉSIGNATION des produits façonnés.	DIMENSIONS.	EMPLOIS ET USAGES.	PROVENANCE.
Lattes de fente.	Longueur, 1m14 sur 0m035 de largeur et 0m006 à 0m011 d'épaisseur.	Chêne. Lattes à bou-teilles, à plâtre, à tuiles, etc.	Coupes de taillis et de futaie.
Lattes (de sciage)	Bottes de 4m de longueur; épaisseur, depuis 0m003 à 0m027; largeur, depuis 0m027 à 0m054	Essences résineuses. Lat-tes à tuiles, lattes à pla-fonds, cloisons, etc. Constructions civiles et industrielles.	Coupes d'éclaircie. Débris de sciage fabriqué à la scie circulaire.
Madriers de charme.	Epaisseur, de 0m054 et plus.	Fabrication de mamelles pour dents d'engre-nage.	Coupes principales.
Marchandise de Paris.	Longueur de 2m au moins Grand battant, 0m333 s 0m110 Petit battant, 0 250 0 080 Doublette, 0 333 0 060 Echantillon, 0 250 0 040 Membrure, 0 165 0 080 Entrevous, 0 250 0 030 Chevron, 0 080 0 080 Membrette, 0 180 s. 0 05, 0 06 Frise pour parquet, depuis 1m de longueur sur 0m12 à 0m13 de largeur, et 0m03 d'épaisseur.	Principalement chêne et bois durs. Cons-tructions civiles et in-dustrielles. Ebéniste-rie, menuiserie, ma-chines.	Id.

Marchandises locales.	Planches, épaisseur, de 0m017 à 0m054; lambris, épaisseur de 0m013 à 0m022; madriers, épaisseur, de 0m054 et plus.	Idem.	Id.
Merrain auxer-rois.	Douves, de 0m812 de longueur sur 0m081 à 0m135 de largeur et 0m0217 à 0m0244 d'épaisseur. Fonds, de 0m541 de longueur sur 0m054 à 0m217 de largeur et 0m0189 à 0m0217 d'épaisseur.	Chêne. *Fabrication des tonneaux.* Le millier de merrain est le nombre de pièces nécessaire pour fabriquer 150 feuillettes de 135 à 140 litres.	Id.
Merrain borde-lais.	Douves, de 0m929 à 0m975 de longueur sur une épaisseur de 0m025 à 0m032. Fonds, de 0m650 de longueur sur une épaisseur de 0m025 à 0m032.	*Les tonneaux normands, orléanais et bordelais* sont de 228 litres, et il faut 4,350 pièces, cubant 4m500, pour en faire cent. Il entre par tonneau de 228 litres, 0mc045 de bois fabriqué et environ 0mc100 de bois en grume.	Id.

DÉSIGNATION des produits façonnés.	DIMENSIONS.	EMPLOIS ET USAGES.	PROVENANCE.
Merrain mâconnais.	Douves, de 0m893 à 0m947 de longueur sur 0m108 à 0m162 de largeur et 0m025 d'épaisseur. Fonds, de 0m650 de longueur, 0m108 à 0m317 de largeur et 0m027 d'épaisseur.	Le millier de merrain est le nombre de pièces nécessaire pour fabriquer 96 tonneaux de 228 à 230 litres.	Coupes principales.
Papier.	Bois de quartier, depuis 0m24 de tour et au-dessus; bois de rondin, de 0m08 à 0m24.	Tremble, épicéa, sapin, peuplier, tilleul. *Pâte à papier. Cellulose.*	Coupes d'*éclaircie* et de taillis.
Perches à houblon.	Longueur, de 5m80 à 10m, avec 0m40 de tour au plus.	Toutes essences, surtout les essences résineuses. *Culture du houblon.*	Coupes d'*éclaircie.*
Perches de service.	De 0m40 à 0m80 de tour, sur 5m de longueur et au-dessus.	Toutes essences, surtout les essences résineuses. *Perches d'échelles et d'échafaudages, brancards de voitures, etc.*	Id.
Perches (menues).	De 0m08 à 0m12 de diamètre au petit bout, sur 2m50 de longueur.	Toutes essences, surtout les essences résineuses. *Tuteurs, manches d'outils, clôtures, perches à lessive, etc.*	Id.

Pilots.	Pièces écorcées, de 1m949 à 7m796 de longueur, sur 0m54 à 0m81 de tour. Pièces écorcées, de 12 à 15m de longueur sur 0m60 de tour au petit bout. Se débite dans des plateaux qui ont depuis 0m33 d'épaisseur.	Chêne, aune, sapin, etc. *Endiguage, consolidation du bord des rivières, ruisseaux, étangs, lacs, ports de mer, etc.*	Coupes d'*éclaircie*.
Placage.		Chêne, frêne, érable, noyer, if, acajou, palissandre, thuya, etc.	Coupes principales.
Planche.	De menuiserie, depuis 4m de longueur sur une épaisseur de 0m036 à 0m041 et une largeur variable. Ordinaire, épaisseur, 0m027. 12/9 ou marchande, longueur, 4m; largeur, 0m25; épaisseur, 0m027. Lambris, épaisseur, de 0m010 à 0m022.	Essences résineuses. *Constructions civiles et industrielles, ébénisterie, menuiserie, etc.*	Coupes d'*éclaircie* et coupes principales
Poteaux ou étais	Longueur, 3m, 4m, 5m, 6m et 7m; diamètre au petit bout, de 0m08 à 0m13.	Essences diverses, principalement bois résineux. *Exploitation des mines et minières.*	Coupes d'*éclaircie*.
Poteaux télégraphiques.	Longueur, 6m5, 8m, 10m, 12m; circonférence à 1m33 de hauteur, 0m40 à 0m80.	Essences résineuses, essences feuillues à bois tendre, bois injectés. *Télégraphie électrique*	Id.

DÉSIGNATION des produits façonnés.	DIMENSIONS.	EMPLOIS ET USAGES.	PROVENANCE.
Raclerie.	Dimensions variables.	Essences diverses, principalement le hêtre. *Fûts de bâts et de selles, jougs de bœufs, pelles, étuis, co peaux pour les gainiers, battoirs à lessive, brosses, etc.*	Coupes de taillis et de futaie.
Sabotage.	Sabots d'hommes, longueur, 0^m325 sur 0^m487 de tour. Sabots de femmes, longueur, 0^m244 sur 0^m406 de tour. Sabots d'enfants, longueur, 0^m135 sur 0^m217 de tour.	Hêtre, bouleau, tremble, aune, tilleul, érable. *Chaussure.* Se vend à la grosse, qui est de 156 paires assorties. Un mètre cube au quart donne en moyenne 90 paires assorties.	Coupes de taillis et de futaie.
Vasellerie.	Dimensions variables.	Essences diverses. *Seaux, sébiles, gamelles, moules à pain, beurrières, etc.*	Coupes de taillis et de futaie.

DEUXIÈME PARTIE

~~~~~~~~~~~

TRAITEMENT & AMÉNAGEMENT

—➤∘—☐—∘◄—

CHAPITRE PREMIER

MÉTHODES

———————

81. En sylviculture, la **méthode** est l'ensemble des procédés raisonnés qu'il convient de suivre dans l'exploitation des bois. Les forêts s'exploitent suivant le besoin, c'est-à-dire quand les bois qu'elles renferment peuvent être coupés avec profit.

Anciennement, il y avait peu de besoins. On coupait sans ordre, prenant les bois exploitables aux endroits où il s'en trouvait. Il en résultait la plus grande diversité dans le peuplement des forêts.

Tantôt on avait seulement coupé quelques arbres
çà et là. Tantôt on avait coupé des bouquets de bois,
ou même des massifs entiers, dont les arbres avaient
été vendus sans réserve. Ailleurs, les arbres laissés sur
pied étaient disposés de telle sorte que le sol était
couvert de semis. Ou bien on avait dégagé, par la coupe
d'arbres mûrs, une jeune futaie qui s'était produite et
avait vécu plus ou moins longtemps sous leur protection. Sur d'autres points, après une coupe rase dans
laquelle on avait laissé quelques futaies, il s'était produit un repeuplement de brins de semence et de rejets
de souche mélangés. Ou bien la coupe rase avait été
suivie d'un repeuplement exclusivement composé de
rejets de souche.

Ces cas particuliers et d'autres encore se présentaient
avec plus ou moins de netteté et offraient un vaste
champ d'observations aux forestiers qui commencèrent
à réglementer l'exploitation des bois.

82. Le premier principe est celui de l'ordre, qui a fait
imaginer le partage de la forêt en divisions fixes, pour
servir à l'assiette des coupes de proche en proche.

L'ordre s'introduisit d'abord dans les taillis exploités
pour les besoins de la consommation annuelle. Ils
furent partagés en divisions d'égale contenance, suivies
pour l'assiette des coupes qui se font de proche en
proche et sans interruption. Elles reviennent dans le
même ordre et au bout du même nombre d'années, qui
est la *révolution* des coupes.

Les futaies pleines, destinées surtout à produire des

arbres de forte dimension, ne furent exploitées pendant longtemps encore que pour les besoins extraordinaires. Les délits s'y multipliaient au point d'en amener la ruine, et elles furent enfin mises en coupes réglées comme les taillis, c'est-à-dire en coupes d'égale contenance, assises de proche en proche et sans interruption. On prescrivit la coupe à *blanc étoc,* dont on a fait depuis le synonyme de *coupe rase.* Ces coupes comportaient des réserves, et le *blanc étoc* ne s'entendait que du ravalement des *souches* ou *étocs* des anciens délits. Le nombre en était considérable et mettait obstacle au rétablissement des forêts.

La première révolution fut fixée par l'ordonnance de Charles IX [1] à cent ans, sur cette donnée indiquée par Saint-Yon [2], que le chêne vit trois cents ans, cent ans à croître, cent ans en état et cent ans sur le retour.

Avec la révolution de cent ans, la coupe ne comportait que deux classes de réserves, celles de cent ans et celles de deux cents ans. Quand on réduisit la révolution à cinquante ans, à vingt-cinq ans et même au-dessous, le nombre des classes de réserves augmenta, et l'on arriva à la futaie d'âge mêlé.

83. C'est la coupe par contenance qui est le principe de l'*art forestier.* Il admet deux types, la forêt d'*âge gradué* et la forêt d'*âge mêlé.*

L'idéal, dans le premier cas, est le partage de la forêt en

[1] Ordonnance d'août 1573.
[2] Paris, 1610, page 293.

autant de divisions qu'il y a d'années dans la révolution.
Chaque année on exploite la division arrivée à ce
terme, les coupes se succèdent de proche en proche
sans interruption, et la forêt présente une parfaite gradation des âges.

L'idéal, dans le second cas, *l'état normal*, est le mélange sur chaque division de tous les âges, représentés
chacun dans la proportion la plus avantageuse, depuis
le jeune plant qui vient de naître, jusqu'à l'arbre parvenu aux dimensions qui le rendent exploitable. Les
coupes se font à courte révolution et se renouvellent
toujours dans le même ordre. Chaque fois, on enlève,
sur chaque division et dans chaque classe d'arbres, une
quantité de matériel équivalente à l'accroissement qui
s'est produit depuis la dernière exploitation, de manière
à rétablir le peuplement dans son *état normal*.

La révolution des coupes dans la forêt d'*âge gradué*
est égale à l'âge des bois exploitables. Elle est longue.
C'est la donnée fondamentale de l'aménagement, et à ce
terme, sur chaque division, à mesure qu'elle y arrive,
le capital forestier est entièrement exploité et renouvelé.

Dans la forêt d'âge mêlé, au contraire, l'aménagement
est indépendant de la révolution des coupes, qui doit être
courte. Il se règle d'après l'accroissement qui s'est produit depuis la dernière exploitation. Le capital forestier
n'est jamais entamé sur aucune division, et se renouvelle naturellement. Aux bois mûrs exploités succèdent,
dans chaque division, les bois qui le seront à la coupe
suivante. Il en est de même pour chaque classe d'âge, et

du sous-bois se dégagent progressivement les sujets
nécessaires au recrutement de la futaie. Ils en font
partie dès qu'ils ont atteint une grosseur déterminée.

84. Dans la forêt d'*âge gradué,* les arbres sont de
même âge sur chaque division. A ce type du peuplement
en bois de même âge se rapportent le *taillis simple* ou
sans réserves, qui se reproduit après la coupe par rejets
de souche, et la futaie d'âge gradué, que l'on appelle, par
analogie, *futaie simple,* et qui se régénère par la semence.

La forêt d'*âge mêlé* est par opposition la forêt *composée.* Elle comprend le *taillis composé* ou avec réserves,
qui utilise les deux modes de reproduction, les rejets de
souche et la semence, et la futaie *jardinée* ou *composée,*
se renouvelant à mesure de l'exploitation, principalement par la semence.

85. Le **traitement** se résume dans l'art de faire la
coupe. On en distingue trois sortes : la *coupe principale* ou des arbres mûrs, la *coupe d'éclaircie* ou des
arbres surabondants, et la *coupe de nettoiement*, qui a
pour but le dégagement des jeunes bois.

Dans la forêt d'âge gradué, chaque coupe se fait dans
des divisions différentes. La coupe *principale* se fait dans
la division parvenue au terme de la révolution : c'est la
coupe rase. Les coupes de *nettoiement* et d'*éclaircie* se
renouvellent plusieurs fois pendant la révolution. La
règle est de ne pas interrompre le massif et de faire disparaître seulement les arbres qui ne peuvent *soutenir*
jusqu'à la coupe suivante, et finalement jusqu'au terme

de la révolution, la lutte pour l'existence qui est le principe de cette méthode.

Dans la forêt d'âge mêlé, les trois coupes se font la même année sur les mêmes divisions et se renouvellent de la même manière chaque fois qu'elles reviennent en tour. Le principe, après l'enlèvement de l'arbre mûr, est de *prévenir* la lutte pour l'existence entre les arbres du peuplement, par la suppression, non pas du *faible* comme dans la forêt d'âge gradué, mais de l'*intermédiaire*, qui ne végète qu'aux dépens du fort et du faible, au préjudice de l'accroissement général de la forêt.

86. L'accroissement étant l'augmentation de volume des bois existants cesse sur le sol de la coupe rase par le fait de la suppression du matériel. Avec les rejets de souche, il recommence dans le taillis simple, et avec le repeuplement naturel ou artificiel, dans la futaie d'âge gradué ou futaie simple. Il augmente d'abord d'année en année, devient stationnaire, atteint un maximum et diminue ensuite.

Dans le taillis simple, exploité à la révolution de douze à quinze ans, le maximum est atteint de huit à dix ans. Il ne l'est que de douze à quinze dans le taillis de vingt à vingt-cinq ans. Dans la futaie simple ce terme est plus reculé et peut être influencé par les coupes d'amélioration.

Dans la coupe de taillis simple à courte révolution, s'il est fait une réserve à l'hectare de cinq à six cents sujets, régulièrement espacés, la reproduction du taillis n'en sera pas altérée, et cette réserve, que l'on exploitera à la coupe suivante, s'accroîtra jusqu'à ce moment à un taux moyen très élevé. Elle donnera par *surcroît* les bois de choix que peut faire perdre l'abaissement de la révolution.

Dans les taillis simples à longue révolution, la réserve présente des avantages du même genre, mais moins marqués. Elle ne peut être par hectare que de cent cinquante à trois cents sujets au plus ; ces baliveaux sont moins résistants, le taux de leur accroissement moins élevé que dans les taillis simples à courte révolution, et ils se couvrent de branches gourmandes.

Dans la futaie en bois de même âge, comme dans le taillis simple, on peut avancer la coupe en faisant une réserve. Les gros bois seront obtenus en moins de temps et par *surcroît,* et le réensemencement naturel se fera mieux. Les coupes d'éclaircie et de nettoiement ne peuvent avoir le même résultat. Avec le massif en bois de même âge et complet, elles ne font le plus souvent que rendre à des sujets prêts à succomber une vigueur qui ne s'exerce qu'au préjudice des arbres dominants et finalement de la production ligneuse.

Pour diminuer les inconvénients de la futaie pleine en bois de même âge, il faut abréger la révolution, faire des réserves et arriver peu à peu au mélange des âges dans les peuplements.

87. La consistance normale de la forêt mélangée résulte d'une juste proportion des différentes classes d'âge dans la composition des peuplements. Elle est indiquée par le contrôle. Une fois obtenue, elle tend sans cesse à s'altérer par l'accumulation de l'accroissement annuel,

qui se fait à des taux différents dans chaque classe d'âge du peuplement, et peut même déterminer des anomalies dans la marche naturelle de l'accroissement. C'est encore le contrôle qui indique l'excès de matériel à enlever dans chaque division pour la ramener à son état normal. La coupe consiste à prendre dans chaque classe d'âge l'excès de matériel accumulé depuis la dernière exploitation.

En résumé, la révolution n'est qu'une hypothèse sur l'accroissement, et les aménagements qui reposent sur cette donnée sont plus compliqués et présentent moins de garanties que ceux qui reposent sur la donnée même de l'accroissement périodiquement déterminé par le contrôle.

CHAPITRE II

CONTROLE

88. Partager la forêt en divisions fixes et dresser des états de dénombrement du matériel de la futaie sont des mesures d'ordre. Elles ne sont pas encore le contrôle.

89. Lorsque les états de dénombrement de la futaie sont établis pour chaque division, par essence et par grosseur d'arbres, on les établit de nouveau au bout d'un certain temps, et la comparaison de ces états est le **contrôle**.

90. Au dénombrement, chaque arbre est mesuré à 1^{m}33 de hauteur. C'est avec le *compas forestier*, sorte de compas d'épaisseur, que le mesurage se fait le plus rapidement. On trace avec la *griffe*, sur l'écorce de l'arbre, un trait horizontal au point où se place le compas. Ce point doit être le même à tous les comptages. Un autre trait de *griffe*, oblique, en évidence et plus haut que le trait horizontal, indique chaque comptage.

Le *compas forestier* est en bois, d'une construction simple, et ne doit porter qu'une graduation, celle adoptée dans la forêt où l'on opère. Elle peut être au diamètre. Nous avons adopté celle à la circonférence, et les arbres sont classés de deux en deux décimètres.

Cet instrument, dont le croquis est donné ci-contre, page 59, sert au mesurage des arbres dans toutes les opérations de dénombrement : inventaire général du matériel, martelage, récolement, vérification, etc.

Il se compose de trois pièces : la règle portant la graduation, la branche fixe passant par le zéro, et la branche mobile qui intercepte sur la règle la grosseur de l'arbre.

Comme détails de construction, on peut donner les indications suivantes :

		Largeur,	0^m070
Règle	{	Epaisseur,	$0\ 008$
		Longeur,	$1\ 100$

Branche verticale fixe	{	renforcée à l'assemblage.
		amincie vers l'extrémité.
		Longueur 0^m40 depuis la règle.

| Branche verticale mobile | { | semblable à la précédente; on prévient l'usure en doublant en zinc ou en cuivre les faces de la mortaise. |

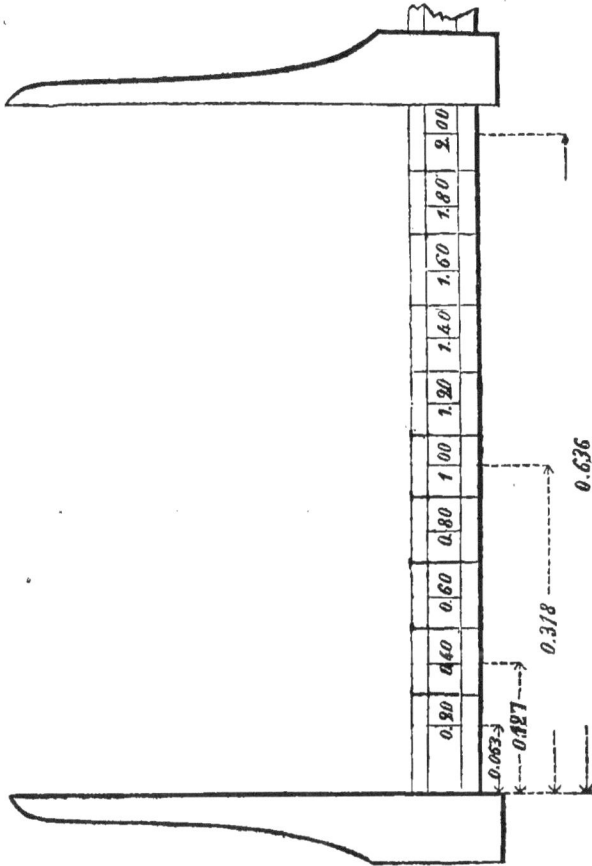

COMPAS FORESTIER

Dans les opérations de dénombrement la *griffe fores-tière* est indispensable. C'est avec cet instrument que l'on trace à la hauteur prescrite le trait horizontal sur lequel le compas doit se placer à chaque mesurage et le trait oblique indiquant que l'arbre a été mesuré. Comme les opérations se font par virées, ce dernier trait est placé en évidence pour guider dans leur marche les ouvriers compteurs.

Il existe plusieurs modèles de griffes. Une des meilleures est celle à anneau, dont le croquis ci-contre, page 61, est dessiné de moitié grandeur.

L'anneau est en fer plat de 0,010 de largeur et 0,005 d'épaisseur, élargi sous la poignée en bois, et celle-ci est fixée avec trois clous.

Le taillant, en acier, est circulaire, plus large en haut qu'en bas et ouvert par côté de manière à laisser tomber les fragments d'écorce détachés par le griffage.

Les angles du fer sont légèrement arrondis à la lime.

GRIFFE A ANNEAU

(Croquis moitié grandeur)

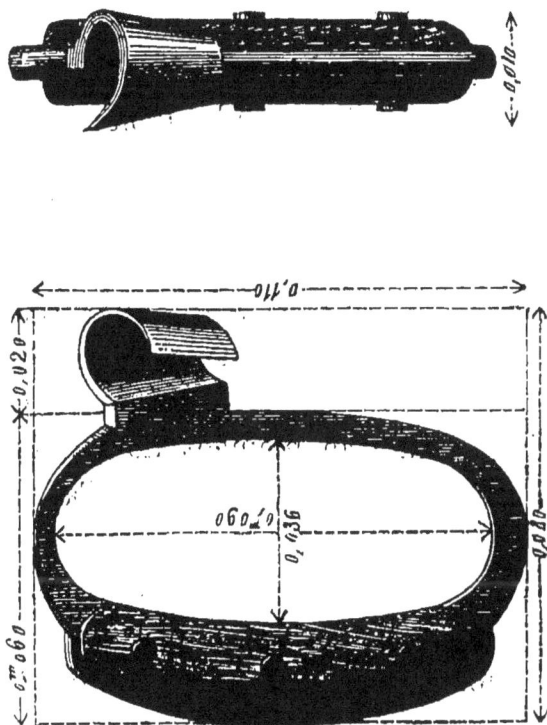

91. On procède au dénombrement par équipes de trois hommes. L'un tient le calepin et surveille, les deux autres mesurent et appellent.

Après avoir mesuré et griffé, on appelle l'essence d'abord, puis la grosseur lue sur le compas. Tout arbre ayant plus de 0^{m}30 et moins de 0^{m}50 est appelé 40. Tout arbre de plus de 0^{m}50 et de moins de 0^{m}70 est appelé 60, et ainsi de suite.

Le calepin a, de même que les tables de cubage, deux entrées. En tête des colonnes sont indiquées les essences, en marge les grosseurs, et à l'intersection on pointe l'arbre appelé.

Pour faciliter la récapitulation, le pointage se fait par dizaines. Il y a plusieurs modes de pointage. Deux sont indiqués au spécimen de calepin ci-contre, page 63. Le calepin se trace au moment de l'opération, sur le carnet de poche, qu'il est commode d'avoir en papier quadrillé ordinaire.

En tête du calepin sont indiqués : la forêt, le canton, la division, le triage, l'opération et la date.

Aussitôt après l'opération, le calepin est récapitulé et reporté au cahier d'aménagement, pour servir au contrôle.

CALEPIN DE POINTAGE (rempli)

Martelage, récolement au dénombrement du.... 18 .
Forêt de.... Division.... Contenance....

Circonférence à 1ᵐ33.	Chêne.		Sapin.	Hêtre.	Divers.
0ᵐ40	⊠ ⊠ ⊠ ⊠ ⊠ ⊠ ⋮.	63	⌐ 5	✳✳✳ ✳✳✳ ⋮ 65	✳ ⋮. 15
0 60	⊠ ⊠ ⊠ ⊠	39	⊡ 8	⋮. 6	⋮. 6
0 80	⊠ ⊠ ⊠ ⋮.	33	⊠ 10	⋮ 7	⋮ 8
1 »	⊠ .	11	.. 2	⋮ 8	⋮ 4
1 20	⊠ ..	12	. 1	⫽ 9	⋮ 3
1 40	⊠ :.	13	:. 3	✳ 10	: 2
1 60	⊠ ⌐.	16	.. 2		. 1
1 80	⌐	7	. 1		
2 »	: : .	4			
2 20	⌐	5			
2 40	⊡	8			
2 60	.	1			
2 80	..	2			
3 »	.	1			
		215	32	105	39

92. Tous les renseignements utiles au contrôle sont recueillis dans des états préparés au cahier d'aménagement. Ces états sont au nombre de cinq.

Le n° 1 a pour titre : *Etat de la futaie réservée.* Il contient le dénombrement des arbres existants au début de l'aménagement, de la réserve faite à chaque coupe, et des vérifications, revisions, etc.

Chaque division a un compte particulier auquel on donne ordinairement une feuille ou quatre pages de l'imprimé n° 1, dont le spécimen est à la page 65. — A raison d'un dénombrement de la futaie tous les six ans et de deux inscriptions par page, la feuille durera quarante-huit ans.

Les dénombrements s'inscrivent à la suite les uns des autres, avec indication à la colonne d'observations de la date de l'opération et des autres renseignements utiles.

Le n° 2 a pour titre : *Etat de la futaie exploitée.* Sa contexture est la même que celle de l'état n° 1, le titre seul est changé, ainsi que la destination de l'état : voir page 65. Chaque division a un compte en tout semblable à celui de la futaie réservée. On lui donne, comme à celle-ci, une feuille de quatre pages par division.

1. — ÉTAT DE LA FUTAIE RÉSERVÉE

Forêt de .... Division .... Contenance ....

CIRCONF. à 1m33 de hauteur	ESSENCE		ESSENCE		ESSENCE		ESSENCES diverses		TOTAUX		OBSERVATIONS
	Nombre	Cube	Nombre	Cube	Nombre	Cube	Nombre	Cube	Nombre	Cube	

2. — ÉTAT DE LA FUTAIE EXPLOITÉE

Forêt de .... Division .... Contenance ....

CIRCONF. à 1m33 de hauteur	ESSENCE		ESSENCE		ESSENCE		ESSENCES diverses		TOTAUX		OBSERVATIONS
	Nombre	Cube	Nombre	Cube	Nombre	Cube	Nombre	Cube	Nombre	Cube	

Le n° 3 a pour titre : *Etat récapitulatif du matériel,*
et se remplit au début de l'aménagement et aux revisions.
On lui donne ordinairement deux feuilles ou huit pages. A
raison d'une revision tous les six ans, et d'une page par
revision, les deux feuilles dureront quarante-huit ans.

Les chiffres portés aux colonnes 4 et 5 sont extraits de
l'état n° 1. Ils expriment le résultat du dénombrement
opéré à la fin de la 1re période pour la revision de l'aménagement.

Les chiffres portés à la colonne 6 s'obtiennent, pour
chaque division, en ajoutant au dernier dénombrement
tiré de l'état n° 1, les bois exploités pendant la durée de
la 1re période, tirés de l'état n° 2, et en retranchant du
total le chiffre du matériel initial tiré de l'état n° 1.

Les chiffres portés à la colonne 7 indiquent, pour chaque
division, la possibilité de la 2e période, qui est évaluée
au tiers de l'accroissement constaté dans la colonne 6.

Les chiffres a et b, colonnes 4 et 5, sont extraits des
colonnes 9 et 10 de l'état n° 4, et servent à calculer l'accroissement sur l'ensemble de la forêt d'où l'on conclut
la possibilité générale.

L'accroissement de la 1re période a été de 11^{mc}14 par
hectare et par an, et s'est produit au taux moyen de
9.13 %, plus élevé que l'intérêt de l'argent. En cou-
pant la totalité de l'accroissement, on changerait du
9.13 % contre de l'argent qui rapporte 4.5 %. Ce serait
une faute que l'on évite en fixant la possibilité au tiers
de l'accroissement constaté.

Si la possibilité n'est pas outrepassée, et les choses
se passant comme dans la 1re période, le capital forestier

3. — ÉTAT RÉCAPITULATIF DU MATÉRIEL

Forêt des Éperons. 2e Période, de 1869 à 1875.

DIVISIONS		DESCRIPTION GÉNÉRALE	ARBRES		ACCROISSEMENT		OBSERVATIONS
N°.	Contenances		Nombre	Cube	Période écoulée 1863-69	Coupe de la prochaine période 1869-75	
1	2	3	4	5	6	7	8
	h. a.						La possibilité de la 1re période, qui était fixée au 1/6 du matériel initial, soit 2,166 m. c., a été outrepassée.
1	43 32	Futaie irrégulière	1.336	1.707	914	305	
2	10 86	Id.	1.130	1.351	452	151	La possibilité de la 2e période est fixée au 1/3 de l'accroissement constaté pour la 1re période, soit 2,375 m. c. A la fin de la 2e période, le capital forestier sera augmenté de 4,750 m. c., si les choses se passent comme dans la 1re, la possibilité n'est pas outrepassée dans la 2e période.
3	17 29	Id.	1.438	2.138	1.113	371	
4	10 66	Id.	2.312	2.901	1.059	353	
5	17 29	Id.	2.181	2.552	1.334	451	
6	17 29	Id.	1.876	2.025	1.475	303	
7	17 29	Id.	1.457	0.576	1.057	352	
	104 00		11.730	14.250	7.125	2.375	
		Coupe de la période écoulée de 1863 à 1869	4.740 *a*	5.873 *b*			
		Totaux	16.470	20.123			
		Matériel initial, 1er janvier 1863	13.355	12.998			
		Acc^t total de la période écoulée.	3.115	7.125			
		— par année moyenne 1/6		1.187			
		— par hectare. . . .		11m14			
		Taux de l'accroissement $\frac{1,187}{12,998}$		9.13 0/0			
		Possibilité de la prochaine période, 1/3 de l'accroissement constaté dans la période écoulée. . . .			2.375		
		Augmentation du capital en fin de période				4.750	

à la fin de la 2ᵉ période sera augmenté de 4,750 m. c., différence entre l'accroissement et la prévision. L'inventaire qui se fera à la fin de la 2ᵉ période indiquera le mérite de cette prévision et donnera les éléments de fixation de la possibilité pour la 3ᵉ période. Et ainsi de suite de période à période.

Le nº 4 a pour titre : *Etat récapitulatif de prévision et d'exploitation.* Il se remplit au début de l'aménagement, aux revisions et chaque année à mesure de l'exploitation. On lui donne le même nombre de feuilles qu'au nº 3.

La 1ʳᵉ partie de l'état nº 4, ayant pour titre *prévision,* se remplit au début de la période, à l'aide des renseignements extraits de l'état nº 3.

La 2ᵉ partie, intitulée *exploitation*, se remplit à mesure des coupes annuelles, à l'aide des carnets ou livres auxiliaires de l'exploitation. Elle fournit en fin de période le volume des bois exploités utilisé à l'état nº 3, pour la détermination de l'accroissement.

Voir, à la page 69, un spécimen de cet état, dont la 1ʳᵉ partie est remplie avec les chiffres extraits de la colonne 7 de l'état nº 3.

4. — ÉTAT RÉCAPITULATIF DE PRÉVISION ET D'EXPLOITATION

Forêt des Eperons.   *Contenance, 104 hectares.*

PRÉVISION				EXPLOITATION							
Années	DIVISION			Années	DIVISION		Description générale	Nombre d'arbres	CUBE		OBSERVATIONS
	N°s	Con-tenance	Cube		N°s	Con-tenance			Sur pied (tarif)	Abattu (réel)	
1	2	3 hect.	4 m. c.	5	6	7	8	9	10	11	12
1869	1 2	24.18	456								
1870	3	17.29	371								
1871	4	10.66	353								
1872	5	17.29	451								
1873	6	17.29	392								
1874	7	17.29	352								
		104 »	2,375								

L'état nº 5 a pour titre : *Etat récapitulatif de la recette et de la dépense.* De même que l'état nº 4, il se remplit à l'aide des carnets ou livres auxiliaires de l'exploitation. Quelques lignes suffisent chaque année, et on lui donne le même nombre de pages qu'à l'état nº 4.

Dans cet état, deux colonnes, *montant des recettes* et *montant des dépenses,* font livre de caisse. Voir le spécimen de la page **71**.

5. — ÉTAT RÉCAPITULATIF DE LA RECETTE ET DE LA DÉPENSE

Forêt de ....

Contenance ....

Année	Mois	Date	DÉTAIL des Recettes et des Dépenses	RECETTE					DÉPENSE			
				Montant	Industrie et service	Bois de feu	Produits divers		Exploitation	Transport	Divers	Montant

Indépendamment des états destinés à recueillir les données numériques du contrôle, le cahier d'aménagement contient des feuilles blanches pour l'insertion des renseignements statistiques et autres, et des onglets pour recevoir les plans.

Il est commode d'avoir un plan réduit de la forêt, inséré au cahier d'aménagement, et plusieurs copies de ce plan pour les besoins du service.

Des plans de détail sont souvent utiles. Tel est le cas lorsque la forêt renferme des maisons forestières, des scieries, des carrières, etc. Il est bon d'avoir ces plans au cahier d'aménagement et d'y inscrire les légendes, notes et indications nécessaires, avec renvoi, s'il en est besoin, à un folio du cahier.

Parmi les renseignements utiles, on doit signaler l'état de l'âge des coupes. Il se fait à la main, sur une feuille blanche, soit en tête, soit à la fin du cahier. Il a deux entrées. En tête de colonne l'année, en marge le numéro de la coupe, et à l'intersection son âge.

93. Calculs d'accroissement. — Le contrôle est la comparaison des dénombrements de la futaie en tenant compte des arbres exploités. Cette comparaison fait connaître pour chaque division l'accroissement et les conditions dans lesquelles il s'est produit. De cette double notion résulte pour chaque forêt la solution de toutes les questions que peuvent soulever le traitement et l'aménagement, quelle que soit la qualité du propriétaire.

Au début, on n'a qu'un premier comptage et il faut

suppléer à la notion de l'accroissement, qui ne viendra qu'au second dénombrement.

Dès qu'on a deux comptages, on doit commencer les calculs d'accroissement. Les comparaisons se font par division, en bloc ou en détail.

En bloc, elles suffisent pour l'aménagement et se font très vite. Ce travail est indiqué à la page 67, dans le spécimen de l'état n° 3 du cahier d'aménagement.

Les comparaisons de détail sont plus minutieuses, mais elles sont nécessaires pendant un certain temps, afin de bien se rendre compte des exigences culturales de la forêt et des règles qui doivent présider au traitement et à l'aménagement.

Le calcul repose sur cette observation, que les arbres les plus forts au premier comptage sont encore les plus forts au comptage suivant.

On examine pour la catégorie des plus gros arbres le nombre existant au comptage précédent, celui du dernier comptage et celui des arbres abattus dans l'intervalle.

En retranchant le premier de ces trois nombres de la somme des deux autres, on sait combien d'arbres dans la période considérée sont passés de la catégorie immédiatement inférieure dans celle des plus gros arbres. On fait de même pour toutes les catégories, et appliquant le tarif, on peut ensuite déterminer pour chaque catégorie le *quantum* et le *taux* de l'accroissement.

Ce travail fait pour toute la forêt et pour chaque division, on sait ce qu'il y a eu d'accroissement, on fixe ce qu'il convient de couper et comment on doit choisir les arbres à exploiter dans chaque classe de grosseur.

On coupe autant, moins ou plus que l'accroissement, suivant l'intérêt qu'il peut y avoir à maintenir, augmenter ou diminuer le capital forestier.

Ce calcul ne présente aucune difficulté, mais l'ordre dans lequel il est disposé contribue à en faire ressortir les résultats, ainsi qu'on peut le voir par le spécimen qui en est donné, pages 75, 76 et 77.

Après avoir préparé le calepin pour cette comparaison, en ajoutant au dernier comptage les arbres exploités depuis le premier, on fait le calcul en bloc et le calcul en détail.

Ce calcul est établi sur une division de la forêt des Eperons, pour une durée de trois ans, de 1885 à 1888.

En bloc, page 76, l'accroissement est de $14^{mc}82$ par hectare et par an, et le taux d'accroissement 8.98 °/₀.

En détail, page 77, l'accroissement est de $14^{mc}94$ par hectare et par an, et le taux d'accroissement 9.06 °/₀.

SPÉCIMEN DE CALCULS D'ACCROISSEMENT

Forêt des Eperons — *Division G. — Contenance, 17.29*

TARIF		COMPTAGE DE 1885		COMPTAGE DE 1888		BOIS COUPÉS dans l'intervalle		CALEPIN PRÉPARÉ		OBSERVATIONS
Circ. à 1m33	Cube d'un arbre	Nombre d'arbres	Cube	Nombre d'arbres	Cube	Nombre	Cube	Nombre d'arbres (5 + 7)	Cube (6 + 8)	
1	2	3	4	5	6	7	8	9	10	11
			m. c.		m. c.		m. c.		m. c.	
0.60	0.257	1503	386.27	1474	378.82	373	95.86	1847	474.68	
0.80	0.443	903	400.03	1041	443.48	121	53.60	1132	497.08	
1."	0.753	536	403.61	639	481.20	64	49.20	703	530.40	
1.20	1.180	333	392.94	402	474.36	28	33.04	430	507.40	
1.40	1.908	173	330.08	234	446.47	14	26.82	248	473.29	
1.60	2.671	111	236.48	125	333.88	16	42.64	141	376.52	
1.80	3.593	72	258.69	83	298.22	9	25.94	92	324.16	
2."	4.320	32	138.24	55	237.60	7	30.24	62	267.84	
2.20	5.088	18	91.58	29	147.55	2	10.17	31	157.72	
2.40	5.894	15	88.41	10	58.94	1	5.89	11	64.83	
2.60	6.728	8	53.82	12	80.74	1	6.73	13	87.47	
2.80	7.805	5	39.03	3	23.42	»	»	3	23.42	
3."	8.711	3	26.13	9	78.40	»	»	9	78.40	
3.20	9.911	1	9.91	1	9.91	»	»	1	9.91	
3.40	10.876	»	»	1	10.88	»	»	1	10.88	
		3713	2855.22	4088	3503.87	636	380.13	4724	3883. »	

CALCUL D'ACCROISSEMENT EN BLOC

Matériel au 1er janvier 1888	4088	3503.87
Bois coupés de 1885 à 1888	636	380.13
	4724	3884.00
Matériel au 1er janvier 1885	3713	2855.22
Passé à la futaie	1011	1028.78
En retrancher le cube . .	1011×0.257	259.83
Accroissement pour 3 ans . .		768.95
— par an (1/3) . .		256.32
— par hectare . .		14.82
Taux . . .		8.98 °/o

CALCULS D'ACCROISSEMENT PAR CLASSES DE GROSSEUR

CLASSES	DATE des comptages	Circ. à 1m33	ARBRES		ARBRES		DIFFÉRENCE		TAUX
			Nombre	Cube	Nombre	Cube	Totale	Moyenne	
1re classe gros bois 1.80 et plus	1885 1888	» 2m et plus 1.80	» 131 23	» 700.47 82.64	154	703.81 783. »	77.30	25.77	3.64 %
2e classe bois moyens 1.60, 1.40 et 1.20	1885 1888	» 1.80 1.60 1.40 1.20	» 69 141 248 159	» 247.92 376.52 473.29 187.62	617	959.50 1285.35	323.85	108.62	11.21 %
3e classe petits bois 1m, 0.80 et 0.60	1885 1888	» 1.20 1.» 0.80 0.60	» 271 703 1132 836	» 319.78 530.40 497.08 214.85	2942	1189.91 1562.11	372.20	124.07	11.27
				3630.57 2855.22		6485.79 3630.57	775.35	258.45	9.06
				775.35		2855.22			

94. Les *travaux d'entretien et d'amélioration*, indépendants ou complémentaires du traitement et de l'aménagement, ont différents objets : les chemins d'exploitation, les clôtures, l'assainissement des parties humides, le repiquement des places vides, la plantation de bonnes essences dans les parties où elles ont disparu, l'introduction d'essences nouvelles, etc.

Les bons chemins augmentent la valeur des bois ; les assainissements activent la croissance et améliorent l'essence et la qualité du bois, etc.

Ces différents travaux seront étudiés avec soin, exécutés dans une juste mesure et avec économie, et régulièrement suivis (1).

Dans ce but, il convient de faire des prévisions de travaux d'entretien et d'amélioration. Au moment des coupes, on revise ces prévisions, et l'on fait exécuter immédiatement après l'exploitation, et aussi rapidement que possible, les travaux dont l'utilité a été définitivement reconnue.

Les prévisions de travaux peuvent être groupées sous forme d'états que l'on trace à la main. Ils se placent à la fin du cahier d'aménagement, et l'on peut adopter le modèle page 79.

_____

(1) Voir exécution des travaux, IVe partie.

SPÉCIMEN D'ÉTAT DE TRAVAUX

Forêt de .... *Contenance* ....

DIVISIONS		TRAVAUX PRÉVUS		REVISION		TRAVAUX EXÉCUTÉS	
N°s	Contenance	Description	Estimation	Description	Estimation	Récolement	Dépense

95. Cahier d'aménagement. — La réunion des notes et renseignements utiles à l'établissement du contrôle, à la réglementation du traitement et de l'aménagement, et à l'exploitation générale de la forêt, forme le cahier d'aménagement. Sa dimension est celle de l'in-quarto. Il est relié dans l'ordre suivant, ou autrement, à la convenance du propriétaire.

En tête, les onglets pour recevoir les plans et les feuilles blanches en papier quadrillé ordinaire pour les renseignements statistiques, les transcriptions des extraits de titres et documents concernant la forêt, les anciens aménagements, etc.

Puis viennent les cinq états du contrôle, séparés par nature d'imprimés avec une feuille blanche de papier fort.

A la suite et terminant le cahier, des feuilles blanches semblables à celles du commencement et destinées à recevoir les renseignements et notes qui concernent plus particulièrement l'exploitation, les travaux et d'autres objets tels que les études d'accroissement, etc.

96. De même qu'il est commode d'avoir un plan réduit de la forêt, il ne l'est pas moins d'avoir un état récapitulatif de l'aménagement dans la dimension du carnet de poche. La forme suivante paraît répondre à cet objet. Chaque période a un feuillet par série d'exploitation. (Voir le spécimen, page 81, rempli pour la 2ᵉ période de l'aménagement de la forêt des Eperons.)

SPÉCIMEN DE L'ÉTAT RÉCAPITULATIF DE L'AMÉNAGEMENT (rempli)

Forêt des Éperons.

2e Période, 1869-1875

Numéros	Contenance h.	a.	Cube	Accroissement	1869 Âge de coupe	1869 Réservé	1869 Exploité	1870 Âge de coupe	1870 Réservé	1870 Exploité	1871 Âge de coupe	1871 Réservé	1871 Exploité	1872 Âge de coupe	1872 Réservé	1872 Exploité	1873 Âge de coupe	1873 Réservé	1873 Exploité	1874 Âge de coupe	1874 Réservé	1874 Exploité
A	13	32	1,707	914	3	1,707		4			5			1		1,259	2	730		3	1,092	10
B	6	93	1,036	453	3	1,036		4			5			1		616	2			3		2
C	3	93	313		3	315		4			5			6			7			1	202	172
D	17	29	2,138	1,143	2	2,138		3			4			1		1,160	2			3		9
E	10	66	2,901	1,059	3	2,901		4			5			6			7			1		
F	17	29	2,552	1,354	2	2,552		3			4		530	5			6			1		839
G	17	29	2,025	1,175	3	2,025		4			4			2			3			4		1,003
H	17	29	1,576	1,057	3	1,576		4			5			6			7			1		409
	104	»	14,250	7,125		14,250							530			3,035		730			1,294	2,444

Matériel principal exploité pendant la 2e période . . . 6,009

Matériel initial de la 2e période . . . 14,250
Matériel principal exploité pendant la 1re période . . . 5,873
20,123
12,998

Matériel initial de la 1re période . . . 7,125
Accroissement pendant la 1re période . . .
 — par année moyenne . . . 1,187 500
 — par hectare . . . 11 418
Taux de l'accroissement annuel moyen pendant la 1re période . . . 9 13 %

Quand il s'agit de forêts considérables, il convient de les partager en grandes divisions ou *séries d'exploitation*, de 100 à 400 hectares au plus, pour chacune desquelles on fait un aménagement particulier.

Chaque série d'exploitation a son état récapitulatif dont il vient d'être question. Il est établi par division. Si le nombre des séries est considérable, il est utile d'avoir un état récapitulatif par série d'exploitation. Il peut être fait dans la même forme que le précédent, en remplaçant dans l'en-tête des quatre premières colonnes *division* par *séries d'exploitation*, et en supprimant la colonne *âge de coupe* dans les années de l'exploitation.

CHAPITRE III

TRAITEMENT

---

97. Le **traitement** est l'ensemble des opérations à faire pour exploiter et améliorer la forêt.

Le revenu s'obtient par la coupe, qui est en définitive la conclusion du traitement et de l'aménagement.

La coupe doit être annuelle, dans le triple intérêt du propriétaire, de l'ouvrier et du consommateur.

Au propriétaire elle donne le revenu ; à l'ouvrier, le travail qui, dans la saison morte pour l'agriculture, le retient dans le pays ; au consommateur, un approvisionnement annuel, dont l'interruption fait croire au déficit et motive l'importation étrangère.

L'égalité des coupes annuelles est désirable, mais il suffit d'en approcher autant que possible, et pour cela de leur assigner des contenances inversement proportionnelles à la fertilité, c'est-à-dire à l'accroissement qui en est la résultante.

De cette manière la forêt se régularise naturellement, et son produit, duquel dépend le triple intérêt du propriétaire, de l'ouvrier et du consommateur, augmente à mesure qu'elle approche de l'état régulier.

98. Toutes les opérations forestières se rapportent à la division, qui est l'unité tactique en sylviculture. Les coupes doivent se composer de divisions entières, et si l'aménagement exige de les fractionner ou de les grouper, comme on est quelquefois obligé de faire avec les longues révolutions, le contrôle se rapporte toujours à la division, qui doit rester entière sur le terrain et au cahier d'aménagement.

Considérons une forêt partagée en vingt divisions

1	2
3	4
5	6
7	8
9	10
11	12
13	14
15	16
17	18
19	20

égales et séparées par des bornes numérotées et des tranchées aboutissant sur une *sommière* ou ligne principale d'aménagement comme au plan ci-contre.

Ce partage est définitif et ne doit pas être modifié, même quand on apporte des changements au traitement et à l'aménagement.

Les forêts n'ont pas toujours la régularité de celle prise pour exemple. Elles peuvent se composer de plusieurs massifs. On doit utiliser comme *sommières* et *tranchées*, les routes, allées, chemins, sentiers de promenade, en les rectifiant au besoin, et profiter des limites naturelles : cours d'eau, crêtes, vallées, etc. Les divisions peuvent être inégales. Il ne convient pas d'avoir des divisions de plus de 20 hectares ni des aménagements de plus de 400 hectares.

99. **Taillis simple.** — Il s'exploite par coupe rase, de proche en proche, sans faire de réserves. Avec le partage en vingt divisions égales, si la révolution des coupes est de vingt ans, on en exploite une chaque année.

Si l'on se propose d'abaisser la révolution à quinze ans, par exemple, il suffira d'exploiter, outre la coupe annuelle, une coupe supplémentaire tous les trois ans. Le parcellement ne sera pas changé et on aura dans chaque révolution 15 coupes ordinaires et 5 coupes supplémentaires.

S'agit-il de porter la révolution à vingt-cinq ans, on fera 15 coupes ordinaires et 10 demi-coupes.

L'abaissement de la révolution a pour effet de diminuer la durée du placement en forêt. Il est avantageux à tous égards, et tant qu'on ne descend pas au-dessous de l'âge du maximum d'accroissement, on ne perd rien sur la quantité du produit. Le bois est plus petit, mais il est facile d'obvier à cet inconvénient. Une réserve convenable destinée à être coupée à la révolution suivante donnera *par surcroît* du bois plus fort, sans porter préjudice à la reproduction du taillis.

Le mérite de la transformation peut être apprécié d'après les indications suivantes.

RÉVOLUTIONS	NOMBRE des BALIVEAUX	CUBE	TAUX d'accroissement	PRODUIT à la fin de la RÉVOLUTION RÉDUITE	
				m. c.	st.
10 ans	600	6	45 °/₀	27	40
15	300	9	30 °/₀	27	40
20	200	10	10 °/₀	27	40

Pour compenser la diminution de gros bois, résultant du passage de la révolution de 20 ans à celle de 15, on aurait donc par hectare 200 baliveaux de 35 ans, donnant 27 m. c. ou 40 stères. La compensation serait équivalente de 15 à 10, et à la révolution de dix ans, elle se produirait régulièrement avec une réserve de 600 baliveaux. Comme on ne descend pas au-dessous de l'époque du maximum d'accroissement, la compensation s'obtient *par surcroît.*

100. Futaie simple. — Avec ce traitement, les révolutions sont de longue durée : 100, 120, 150 et même 200 ans. Dans cette dernière hypothèse, chacune des 20 divisions de la forêt prise pour exemple correspond à une décennie de la révolution, et fournit les coupes de dix années, après lesquelles elle se trouve repeuplée en bois de 1 à 10 ans.

La révolution la plus habituelle est de 120 ans, divisée en 4 périodes de 30 ans chacune. Cinq divisions sont affectées à chaque période, et fournissent à leur tour les coupes pendant une durée de 30 ans. Les bois de 1 à 30 ans se trouvent ainsi sur la quatrième affectation, ceux de 31 à 60 sur la deuxième, ceux de 61 à 90 sur la troisième, et ceux de 91 à 120 sur la première, qui est en tour de régénération. Ainsi s'établit la gradation des âges avec la régénération naturelle. Elle est beaucoup plus régulière avec la coupe rase de proche en proche, suivie de repeuplement artificiel. On préfère cette dernière méthode à cause des difficultés et de l'inégalité de la régénération naturelle.

C'est surtout à l'abaissement des longues révolutions qu'il faut tendre dans la futaie simple, parce qu'il diminue la durée du placement en forêt.

La révolution de 120 ans dépasse de beaucoup le terme du maximum d'accroissement qui peut être atteint de 40 à 80 ans au plus tard. Le taux d'accroissement est à peine de 2 % dans les bois de 120 ans, mais il est encore de 8 à 10 % dans les bois de 40 à 60 ans. De même que dans le taillis simple, on peut abréger la révolution sans perdre ni sur la quantité ni sur la qualité des produits.

C'est sur cette observation que repose la demi-futaie [1] imaginée au siècle dernier et peut-être même plus tôt, mais incomplètement définie. Elle consiste à faire la coupe vers l'âge moyen en laissant une réserve suffisante.

1	2
3	4
5	6
7	8
9	10
11	12
13	14
15	16
17	18
19	20

Dans la forêt ci-contre prise pour exemple, la révolution est de cent vingt ans, ou coupe à quatre-vingts ans, les divisions impaires sont occupées par les bois de un à quarante ans, et les divisions paires par les bois de quarante et un à quatre-vingts ans. Les divisions paires sont régé-

---

(1) C'est ce mode d'exploitation qui est donné sans explication, pages 15 à 17 de la précédente édition. La révolution adoptée est quatre-vingt-dix ans, elle est abaissée de trente ans et l'on exploite, tous les soixante ans, par coupes sexennales, des bois de quatre-vingt-dix ans.

nérées en quarante ans par coupes décennales, et l'on dégage finalement une jeune futaie de un à quarante ans,
d'âge mêlé. Pendant ce temps les divisions impaires
sont éclaircies par coupes décennales.

Rien n'est plus simple que le plan d'exploitation pour
la révolution de 120 ans réduite à 80 ans.

Chaque année, deux coupes, l'une d'éclaircie dans les
divisions impaires pendant les 40 premières années, et
dans les divisions paires, pendant les 40 dernières,
l'autre de régénération dans les divisions paires pendant les 40 premières années, et dans les divisions
impaires pendant les 40 dernières.

On exploite tous les 80 ans des bois de 120 ans, et la
forêt se recrute en bois de 1 à 40 ans d'âge mêlé,
dégagés alternativement dans les divisions paires et
dans les divisions impaires, par quatre coupes décennales de régénération.

Sous le nom de forêt à double étage, ce mode de
traitement a été de nouveau préconisé il y a une qua-
rantaine d'années, mais il n'a pas obtenu toute l'attention qu'il méritait. Sa supériorité sur la futaie simple
est manifeste, mais il a comme celle-ci, quoique à un
degré moindre, l'inconvénient d'entamer le capital forestier par le dégagement de la jeune futaie d'âge mêlé de
1 à 40 ans.

101. Taillis composé. — Généralement plus longue
que dans le taillis simple, la révolution du taillis composé varie à peu près dans les mêmes limites.

L'application du contrôle à cette forêt a mis en évidence d'importantes données sur l'accroissement des réserves :

1° Très rapide pendant les premières années du taillis, l'accroissement des réserves se ralentit ensuite pour s'accélérer de nouveau à une exploitation nouvelle, ne fût-elle qu'une éclaircie.

2° Les réserves de différents âges ne profitent ni autant ni aussitôt après la coupe les unes que les autres. Tandis que les jeunes réserves d'un et deux âges s'accroissent immédiatement à des taux très élevés, les vieilles réserves attendent quelquefois un ou deux ans avant de prendre leur essor, mais leur accroissement se soutient mieux.

3° La reprise après l'exploitation est tout à la fois plus prompte et plus forte avec les courtes qu'avec les longues révolutions.

4° La futaie d'une coupe est soumise à un maximum d'accroissement dont l'époque paraît coïncider avec celle du taillis.

5° La futaie rend par l'accroissement du branchage ce qu'elle fait perdre au taillis par son couvert.

Dans la forêt divisée en vingt coupes, prise pour exemple, si la révolution est de vingt ans, on exploitera une coupe chaque année. Si elle est plus longue ou plus courte, on fera, comme il a été dit pour le taillis simple, soit des demi-coupes, soit des coupes supplémentaires, pour augmenter ou diminuer la révolution, sans changer l'assiette des divisions. Les demi-coupes peuvent au besoin être indiquées par des tranchées provisoires qui disparaîtront après l'exploitation.

Il y a intérêt, dans le taillis composé comme dans le taillis simple, à abréger les révolutions, et pour compenser la diminution de gros bois qui en résulte, on réserve plus de baliveaux qu'il n'en faut pour le recrutement de la futaie, et l'excédent se coupe à la révolution suivante.

C'est d'après le contrôle que se détermine la composition de la futaie. Le taux de l'accroissement des petits bois et des bois moyens étant beaucoup plus élevé que le taux du placement en forêt, il est nécessaire, pour ramener à celui-ci le taux moyen, d'avoir dans le peuplement une forte proportion de gros bois dont l'accroissement se fait à 3 °/₀ et quelquefois moins. Le calcul à établir se fait comme pour la futaie composée et est indiqué au paragraphe suivant.

102. Futaie composée ou jardinée. — La révolution ou périodicité des coupes dans cette forêt est de six, huit ou dix ans au plus.

Le contrôle donne pour la période écoulée l'accroissement par division et pour la forêt entière.

En principe, si l'on coupe une proportion du matériel équivalente à l'accroissement de la période écoulée en opérant de manière à rétablir le peuplement dans son état primitif, il reproduira pendant la période suivante le même accroissement que pendant la période écoulée. Mais ce principe admet l'état normal, qui se rencontre rarement.

En fait, le propriétaire, connaissant par le contrôle l'accroissement et les conditions dans lesquelles il s'est produit, agit en toute assurance. Il coupe autant, moins ou plus que l'accroissement constaté, suivant qu'il a intérêt à maintenir, augmenter ou diminuer le capital forestier.

Chaque division arrivant en tour d'exploitation fournira la même proportion de son accroissement, et l'étendue de la coupe annuelle sera *inversement* proportionnelle à sa fertilité. Le nombre des divisions, qui est de vingt dans la forêt prise pour exemple, facilitera évidemment l'égalisation des coupes annuelles. Chaque coupe comprendra une ou plusieurs divisions en raison du contingent qu'elles doivent fournir à la possibilité. Elles ne seront jamais ni groupées ni fractionnées, comme il arrive avec les longues révolutions.

Le matériel de la réserve se divise en bois gros, moyens et petits. Les gros bois sont les arbres de 1^m80 de tour et plus, les bois moyens, de 1^m20 à 1^m60, et les petits bois, de 0^m60 à 1 mètre, mesure prise à 1^m33 au-dessus du sol.

L'expérience indique que les gros bois doivent former 0.50 du matériel, les bois moyens 0.30, et les petits bois 0.20.

On peut se servir de cette indication dans la forêt de taillis composé comme dans celle de futaie mélangée. Le *quantum* de la coupe étant fixé, il se répartit entre les trois classes du peuplement de la division. Si les gros bois sont en minorité, on n'y coupera que les dépérissants, on coupera peu dans les moyens, et c'est surtout dans les petits bois qu'on prendra jusqu'à concurrence du chiffre de la possibilité.

Dans le taillis composé, les petits bois sont fournis par les baliveaux devenus modernes. On n'en réserve que le nombre nécessaire au recrutement de la futaie. La place doit rester aux baliveaux de l'âge, qu'il faut avoir en excès pour trouver à la coupe suivante le gros bois que l'on perd dans le taillis par l'abaissement de la révolution.

En résumé, les deux types de forêts donnent lieu à quatre principaux modes de traitement : le taillis *simple,* la futaie d'*âge gradué* ou futaie *simple,* le taillis *composé* et la futaie d'*âge mêlé, composée* ou *jardinée.* Le traitement est en réalité l'art de faire la coupe, et le contrôle, en la réglant d'après l'accroissement, tend à ramener la culture forestière à la futaie d'âge mêlé, qui est la plus intensive et la plus rémunératrice.

Furetage. — C'est ici le lieu de parler de ce mode de traitement que l'on confond quelquefois avec le jardinage. Il consiste à revenir avec la coupe tous les trois, six, neuf ou douze ans, suivant l'usage local, et à prendre chaque fois *tous* les sujets dépassant une certaine grosseur ordinairement fixée à deux ou trois décimètres de tour et mesurée à la main dans les forêts de hêtre. Quand il se pratique dans les sapinières, la limite est plus élevée, mais ne dépasse pas le minimum de grosseur de l'arbre de futaie.

Ce mode de traitement ne comporte donc pas l'éducation de la futaie proprement dite.

Le jardinage est au contraire le mode de la futaie par excellence. Il consiste à avoir uniformément sur toute la forêt, et sur chaque division en particulier, le matériel de futaie le plus considérable, à revenir avec la coupe tous les six, huit ou dix ans, exploitant chaque fois les arbres mûrs, défectueux, mal placés ou surabondants, dans la mesure de l'accroissement qui s'est produit depuis l'exploitation précédente, sans jamais entamer le capital, et en s'arrangeant de manière à ce qu'il reste toujours composé le plus avantageusement, eu égard au nombre, à la qualité et à l'agencement des arbres de toutes dimensions dans la composition des massifs.

Le jardinage est par excellence la culture forestière *intensive,* tandis que le furetage est surtout une culture *extensive.* L'un est presque l'opposé de l'autre.

Le furetage a été beaucoup plus répandu qu'on ne le pense généralement. Il y a quarante ans, on en trouvait encore les traces dans un très grand nombre de forêts de montagne où le hêtre domine, et quelques propriétaires le pratiquent encore dans leurs sapinières. L'exploitation se faisait le plus souvent en têtard dans les forêts de hêtre, afin d'atténuer les inconvénients du pâturage, et, dans les forêts mélangées, de prévenir l'envahissement des résineux. Par suite de l'élévation du prix des bois et des améliorations des voies de communication, il n'a plus sa raison d'être que dans les pentes escarpées, où l'on ne peut élever de futaies à cause des dégâts causés par l'exploitation des arbres de grandes dimensions.

CHAPITRE IV

AMÉNAGEMENT

----

103. L'aménagement est la réglementation du traitement pour un certain nombre d'années au bout duquel on le revise. Il est d'usage de reviser l'aménagement à des intervalles égaux ou périodes dont la durée doit être courte.

104. Travaux préparatoires. — Quand il s'agit d'aménager une forêt, on recueille d'abord les renseignements statistiques qui la concernent : *nom, origine, situation, limites, exposition, sol, climat, altitude, essences, peuplements,....* et l'on fait une étude approfondie du *traitement* qui a été suivi et des *servitudes* qui pèsent sur la forêt.

Il faut ensuite rapporter sur le plan les *chemins existants,* les *ruisseaux,* les *crêtes* de montagne et en général tout ce qui peut servir de *démarcation* entre les différentes parties de la forêt.

On doit encore indiquer, s'il y a lieu, les rectifications à faire aux anciens *chemins* et les nouveaux chemins à établir (1).

105. Aménagement sur le terrain. — Pour qu'il soit facile d'apporter de l'ordre dans l'exploitation et de classer les renseignements utiles au contrôle, il est nécessaire de partager la forêt en un certain nombre de divisions bien délimitées sur le terrain et rapportées sur les plans. Ce travail est l'*aménagement sur le terrain*.

Ces divisions doivent être à peu près égales entre elles, aboutir sur les principaux chemins servant à l'enlèvement des produits et n'avoir qu'une certaine étendue. Elles seront limitées par des chemins, des ruisseaux, des crêtes de montagne,.... et à leur défaut par des tranchées droites, défrichées et fixées à leurs extrémités par des poteaux, des bornes, des bouts de murs ou de fossés (2). En montagne on peut conserver les arbres des tranchées en les ceinturant et en les numérotant à l'huile.

106. Prévision des exploitations. — On procède ensuite au dénombrement des arbres de futaie par division. Les calepins d'opération sont relevés au cahier d'aménagement, état n° 1, récapitulés à l'état n° 3, sur lequel on établit la prévision de coupe pour chaque division. On indique ensuite à l'état n° 4, Ire partie, les

(1) Voir Exécution des travaux.
(2) Idem.

divisions à exploiter pendant chacune des années de la
période.

La prévision s'établit pour la durée de la période, qui
est de six, huit ou dix ans au plus. Dans la forêt normale, toutes les divisions doivent être exploitées pendant sa durée. Il n'en est pas toujours ainsi pour la forêt
irrégulière, dans laquelle l'exploitation de quelques divisions peut être avancée ou reculée. De cette manière,
chaque coupe est exploitée pour le moment convenable
et non plus à des époques prématurées ou tardives,
comme il arrive avec la méthode des révolutions, qui est
l'objet de critiques anciennes au nombre desquelles on
doit citer celle de Buffon (1).

107. Coupe extraordinaire. — Les forêts renferment
l'épargne d'une suite d'années et souvent des richesses

(1) « .... Un père de famille, un homme arrangé qui se trouve
» propriétaire d'une quantité un peu considérable de bois taillis,
» commence par les faire arpenter, borner, diviser et mettre en
» coupe réglée ; il s'imagine que c'est là le plus haut point d'éco-
» nomie : tous les ans, il vend le même nombre d'arpents ; de cette
» façon, ses bois deviennent un revenu annuel. Il se sait bon gré de
» cette règle, et c'est cette apparence d'ordre qui a fait prendre
» faveur aux coupes réglées. Cependant, il s'en faut bien que ce
» soit là le moyen de tirer de ses taillis tout le parti qu'on en pour-
» rait obtenir. Ces coupes réglées ne sont bonnes que pour ceux qui
» ont des terres éloignées qu'ils ne peuvent visiter : la coupe réglée
» de leurs bois est une espèce de ferme ; ils comptent sur le produit
» et le reçoivent sans se donner aucun soin. Cela doit convenir à
» grand nombre de gens ; mais pour ceux dont l'habitation se trouve
» fixée à la campagne, et même pour ceux qui vont y passer un
» certain temps toutes les années, il leur est facile de mieux orga-
» niser les coupes de leurs bois taillis.... »

considérables. Elles doivent par cette raison fournir des ressources pour les besoins extraordinaires.

Ces ressources s'obtiennent par la réalisation d'une partie du capital forestier. Il se compose d'éléments divers s'accroissant, dans l'état normal, au taux moyen du placement en forêt, soit 3.5 % par exemple. Les jeunes bois s'accroissant à un taux beaucoup plus élevé, il faut, pour obtenir ce taux moyen, que le peuplement renferme une certaine proportion de vieux bois s'accroissant à un taux moindre. C'est parmi ces vieux bois que la coupe extraordinaire doit être prise. Le contrôle permet d'en calculer le cube, qui sera porté à l'état de prévision.

La coupe extraordinaire n'est donc qu'un emprunt fait au capital de la forêt dans un but déterminé, et on doit le restituer en reconstituant le matériel réalisé.

Si la coupe extraordinaire ne dépasse pas une certaine mesure que l'on apprécie à l'aide du contrôle, et si elle est régulièrement faite, le taux du matériel restant après la coupe s'élève dans une proportion suffisante pour produire une sorte d'amortissement et reconstituer au bout d'un certain temps le matériel enlevé.

Si au contraire la coupe est trop forte et irrégulièrement faite, non seulement il n'y a plus d'amortissement, mais la fertilité s'altère et la dépréciation de la forêt qui en résulte est une charge qui s'ajoute à celle de l'emprunt.

Il est évident qu'on ne peut faire de coupe extraordinaire dans une forêt appauvrie.

Réaliser le plus possible, soit que l'on conserve ou que l'on vende la forêt ainsi amoindrie, est une pratique con-

traire à l'intérêt bien entendu. Les derniers bois exploités
s'accroissaient souvent à 10 ou 15 °/₀ et on les change
contre de l'argent à 4 1/2 °/₀.

108. Revision. — L'inventaire de la forêt par division
renouvelé à la fin de la première période et comparé à
celui du début, en tenant compte des bois coupés dans
l'intervalle, indique les résultats du traitement et de
l'aménagement pendant la première période et sert à
régler les prévisions de la deuxième période. Les prévisions de la troisième se règlent comme celles de la
deuxième, et ainsi de suite. La donnée de l'accroissement fournie par le contrôle devient de plus en plus pré-
cise et l'on ne tarde pas à découvrir d'importantes sim-
plifications dans le travail des revisions périodiques.

CHAPITRE V

APPLICATION

---

109. Coupe. — La coupe annuelle dans la forêt d'âge mêlé se fait à la fois dans les deux étages. Elle est *principale* et d'*éclaircie* dans l'étage supérieur, et d'*éclaircie* et de *nettoiement* dans l'étage inférieur.

Dans le taillis composé, on exploite d'abord le taillis, à la réserve des baliveaux de l'âge, et l'on coupe ensuite la futaie.

Dans la futaie composée ou jardinée, on exploite d'abord la futaie, et on fait ensuite dans l'étage inférieur l'éclaircie et le nettoiement.

En principe, la coupe se fait par divisions entières. Elle peut comprendre plusieurs divisions. Si une division n'a pu être achevée dans l'année, elle doit être terminée dans l'année suivante avant d'en entreprendre une autre.

La coupe est *régulière* dans le peuplement *normal.* La consistance de ce peuplement s'altère par l'accumulation de l'accroissement annuel, et la coupe *régulière* est l'enlèvement périodique de cet excès de matériel dans les différentes classes d'arbres du peuplement, de manière à le rétablir dans son état primitif.

Quand la division est irrégulière en raison de l'insuffisance, de l'excès ou de l'arrangement défectueux des arbres dans la composition du peuplement, la coupe est dite de *régularisation*. Elle a pour but de ramener le plus promptement possible le peuplement à l'état normal.

C'est d'après les données du contrôle que se règlent la quotité de la coupe à faire dans l'étage supérieur et le choix des arbres dont elle doit se composer.

Dans l'étage inférieur, il ne faut pas craindre d'enlever les sujets endommagés par l'exploitation, de desserrer les jeunes bois, de couper les traînants et les morts-bois, et l'on doit avoir soin de faire des préparations de futaies en dégageant quelques-uns des plus beaux brins.

Bois secs et chablis. — Dans toutes les forêts il y a des bois *secs*, *chablis* ou de *délit*. On les exploite chaque année où ils se trouvent, en observant de les porter au compte de leurs divisions respectives.

Les arbres à exploiter dans les coupes principales sont généralement désignés par un martelage. Il n'en est pas toujours de même dans les coupes de nettoiement et de première éclaircie, lorsqu'ils sont trop faibles ou trop nombreux.

110. Marteau. — Indépendamment de ceux des gardes et des agents, le propriétaire a un marteau spécial servant uniquement au martelage des coupes.

Quand le propriétaire n'opère pas lui-même, il remet le marteau à la personne qui le remplace. Il lui est rendu aussitôt après l'opération.

111. Martelage. — L'empreinte du marteau est apposée sur un *blanchis* fait à l'arbre avec la hachette du marteau.

Cette apposition d'empreinte est le *martelage*, qui se fait de deux manières, en *délivrance* et en *réserve*.

Le *martelage en délivrance* consiste en deux marques, l'une à la racine et l'autre au corps de l'arbre. La première doit être représentée à la vérification ou récolement de la coupe. Tous les arbres non marqués sont réservés de droit; les arbres marqués sont seuls exploités.

Le *martelage en réserve* se fait de plusieurs manières. Dans les futaies pleines, il consiste dans une seule empreinte du marteau, ordinairement apposée un peu au-dessus de la racine.

Dans les taillis composés, il varie avec la qualité de la réserve. Le brin de l'âge du taillis, appelé *baliveau*, n'a qu'une seule marque à la racine; le *moderne*, ou futaie de deux âges, en a deux séparées par une plaque d'écorce; et l'*ancien*, ou réserve de trois âges et au delà, n'en a qu'une. Tous les sujets non marqués s'exploitent, les sujets marqués sont seuls réservés.

Dans certains pays, les réserves sont désignées par un ceinturage à l'huile.

Martelage mixte. — Ce martelage est pratiqué dans les taillis composés de certaines régions où l'on se propose de favoriser la tendance naturelle du sapin à se propager dans les bois feuillus. Les résineux sont marqués en *délivrance* et les feuillus en *réserve*. Tous les résineux non marqués se réservent, tandis que tous les feuillus non marqués s'exploitent.

Le martelage en délivrance, toutes les fois qu'il est possible, est le meilleur, car il est plus facile d'apprécier l'arbre qu'il convient d'exploiter immédiatement que celui qu'il convient de réserver encore pour la durée d'une révolution. Si l'on a trop peu marqué en délivrance, on peut toujours revenir sur l'opération. Mais si l'on a trop peu réservé, le mal n'est plus réparable.

Le martelage des coupes principales est l'opération la plus importante de la gestion. Un même nombre de mètres cubes à prendre dans un canton déterminé peut donner des résultats bien différents, suivant la manière de choisir les arbres dont il se composera. Il importe de ne pas s'écarter des indications tirées du contrôle dans le choix des arbres à exploiter.

Si la coupe de *nettoiement* et d'*éclaircie* ne peut toujours être martelée, elle peut être, la plupart du temps, l'objet d'un griffage en délivrance, c'est-à-dire des sujets à abattre. Elle se fait très bien également sous la simple surveillance du garde, lorsqu'il est habile à choisir et à former les ouvriers. Elle est accompagnée de la *préparation de futaie*, qui consiste à émonder et à dégager quelques-uns des plus beaux brins.

Les coupes de *bois secs*, *chablis* et *de délit* sont marquées par le garde, qui se sert à cet effet de son marteau. Il en dresse par division des états de cubage, dans la forme indiquée page 104.

Les arbres marqués dans les coupes en délivrance reçoivent un numéro d'ordre au martelage et sont inscrits au *carnet de coupe,* modèle page 104. Ce carnet, dont les trois premières colonnes sont remplies au martelage, est transcrit au *livre des coupes* et est ensuite complété par le garde, à mesure de l'exploitation.

Les arbres exploités à un titre quelconque sont, autant que possible, mesurés, abattus et portés au *livre des coupes,* avec indication de la division et de la nature de la coupe. Ce livre est du même modèle que l'état de cubage et le carnet de coupe, page 104. Celui-ci, destiné à être porté en forêt, est de dimension plus petite. Le feuillet du livre partagé dans la longueur forme la feuille du carnet.

MODÈLE DU LIVRE ET DU CARNET DE COUPE

NUMÉROS	Circonférence		LONGUEUR	CUBAGE			OBSERVATIONS
	A 1m33	Au milieu		Gros	Moyens	Petits	

NUMÉROS	Circonférence		LONGUEUR	CUBAGE			OBSERVATIONS
	A 1m33	Au milieu		Gros	Moyens	Petits	

NOTA. — Pour le carnet, le feuillet du livre fait la feuille.

112. *Récolement.* — Le récolement est l'acte du propriétaire qui se rend compte par lui-même des travaux exécutés en forêt et plus particulièrement du résultat des exploitations.

Il consiste à s'assurer de l'exécution des marchés, surtout de l'exploitation des coupes et de la conservation des réserves.

Les réserves au récolement sont comptées et mesurées de la même manière qu'au martelage et aux autres dénombrements.

Il est d'usage de rédiger procès-verbal du récolement des coupes. A la fin du volume, se trouve une formule de procès-verbal du martelage et du récolement.

Le récolement est une opération importante et d'un effet très utile sur le personnel forestier. Les bons agents aiment la vérification d'un propriétaire éclairé et soigneux de ses intérêts.

Les calepins de martelage et de récolement sont relevés au cahier d'aménagement, aussitôt après l'opération.

TROISIÈME PARTIE

COMPTABILITÉ

CHAPITRE PREMIER

PRINCIPE FONDAMENTAL

113. La comptabilité forestière n'est, à proprement parler, qu'une tenue de livres en partie double, établie d'après les données de livres auxiliaires spéciaux à l'art forestier.

114. Tout propriétaire ou industriel étant dans l'usage de faire rentrer ses comptes forestiers dans sa comptabilité générale, nous nous bornerons ici à quelques notions sommaires sur la tenue des livres que tout comptable est à même de tenir, pour nous attacher spécialement aux livres auxiliaires.

La loi prescrit trois livres au négociant :

Le journal,

L'inventaire,

Et le copie de lettres.

Et généralement tout commerçant y adjoint :

Le brouillard,

Le grand-livre,

Et le carnet d'échéances ou copie d'effets.

Le *brouillard* sert à inscrire, jour par jour, les ventes, achats, négociations, paiements, impositions, et tout ce qui se fait dans la journée ayant rapport au commerce.

Le *journal* est le relevé exact du brouillard; la loi exige qu'il soit tenu sans rature ni surcharge. Pour le tenir, il faut distinguer les débiteurs et les créanciers. On le divise en plusieurs comptes, tels que ceux de *capital, caisse, effets, bois et charbons, compte de l'agent, usines,* etc.

L'*inventaire* est le livre sur lequel le négociant inscrit son inventaire général, son actif et son passif, c'est-à-dire ce qu'il possède et ce qu'il doit.

L'inventaire et le journal doivent être visés et paraphés chaque année par le président du tribunal de commerce de l'arrondissement ou son délégué.

Le *copie de lettres* sert à copier littéralement, et par ordre de dates, les lettres que l'on envoie. — On doit mettre toutes celles que l'on reçoit en liasses, également par ordre de dates, et les conserver, d'après la loi, dix ans.

Le *grand-livre,* ouvert par doit et avoir, renferme tous les comptes les uns à la suite des autres, les principaux d'abord.

Le *carnet d'échéance,* appelé aussi *copie d'effets,* sert à inscrire tous les effets à recevoir du côté du *doit,* et tous ceux à payer du côté de l'*avoir.* Il en est de même pour tous les autres livres.

115. Comptes. — Nous avons vu que, pour tenir le journal, il fallait avoir plusieurs *chapitres* ou *comptes,* tels que ceux de capital, caisse, effets, etc.

Compte de capital représente l'actif et le passif du négociant ou propriétaire, les sommes qu'il doit et celles qu'il possède. — Du côté du *doit,* sont placées en bloc celles qu'il doit, et du côté de l'*avoir,* celles qu'il possède.

Compte de caisse est débité de toutes les sommes reçues, et crédité de toutes les sommes versées.

Il en est de même pour tous les comptes qui peuvent se présenter ou que l'on peut ouvrir à une industrie quelconque, à une exploitation ou à un particulier, tels que ceux de *bois et charbon, usines, forêts,* etc.

D'où le principe est d'ouvrir un compte à n'importe qui, ou à quelque chose que ce soit ou qui se présente.

En général, la tenue des livres se résume dans les règles suivantes :

Tout compte qui reçoit doit, et
Il est dû à tout compte qui donne.
— Tout ce qui entre doit être débité, et
Tout ce qui sort doit être crédité.

CHAPITRE II

COMPTABILITÉ FORESTIÈRE

———

116. Journal forestier. — Outre son carnet de poche, tout agent forestier doit tenir un *journal forestier mensuel,* indiquant ses *recettes* et ses *dépenses,* ainsi que ses *frais de tournée.* Ce livre tient lieu dans la comptabilité particulière de *brouillard* et de *journal.*

Parmi ses dépenses, il doit avoir grand soin de faire ressortir sur le journal les sommes versées en acompte aux ouvriers, de celles qui sont réglées définitivement, ou bien diviser ses dépenses en définitives et avances par un quatrième chapitre *acomptes.* Voir, pages 111 et 112, l'exemple d'un journal forestier.

EXEMPLE DE TENUE D'UN JOURNAL FORESTIER

Mois de mai 1869.

DATES	COMPTES AU JOURNAL		Recettes	Dépenses	Tournées	ACOMPTES
		En caisse au 1er mai 1869 . . .	1,200	»	»	»
		Report des acomptes	»	»	»	14,000
2 mai.	Normanvillars.	A Fernier, sur coupage . . .	»	»	»	20
		A Charles, pour taille de futaie à raison de 20 centimes par pied.				
3 id.		Reçu, prix de 20 perches frêne .	80	»	»	50
		Id., id., 2 stères tremble. . .	10	»	»	15
5 id.	Saint-André.	A Jean, sur coupage . . .	»	»	»	»
		A Sion pour préparation de futaie dans une coupe de 4 ans, à raison de 4 fr. l'hectare . . .	»	20	»	25
		Chemin réparé, 200 m. à 10 c. l'un.	»	»	»	»
10 id.	Truche.	Frais de tournée	»	»	1 70	»
		Chemin de fer	»	»	2 50	»
		Dîner	»	»	»	»
11 id.	La Mare.	Livraison de la coupe, 2,280 stères à 70 cent. l'un, fagots et bois divers, suivant état, ensemble.	»	1,800	»	»
		A reporter	1,290	1,820	6 20	14,110

DATES	COMPTES AU JOURNAL		Recettes	Dépenses	Tournées	ACOMPTES
1	2	3	4	5	6	7
		Report	1,290	1,820	6 20	14,110 »
15 mai.	Normanvillars.	Livraison de la coupe n°..., suivant état . . .	»		»	»
25 id.	Rosemont.	Livraison des sapins de la coupe n°..., suivant état . .	»	3,000	»	»
		Entretien des chemins . .	»	1,500	»	»
		Reçu, produit de la vente de 20 m. cubes chêne, au détail . .	800	200	»	»
		Frais de tournée	»		9 50	»
28 id.	Caisse.	Reçu mille francs . . .	1,000	»	»	»
31 id.	Truche.	Acomptes divers au livre d'avance.	»	»	»	227 50
		A reporter au 1er juin. . .	3,090	6,520	15 70	14,337 50
						3,445 70
			» »	» »	» »	10,891 80

1° Dans l'exemple donné, on voit que les recettes sont plus faibles que les dépenses, ce qui serait un non-sens si l'on ne faisait observer que les sommes versées en acompte font partie de la caisse tant que l'emploi n'en a pas été justifié par leur mise en dépense définitive.

2° Dans le cas où le total de la colonne 4 des recettes est plus fort que le total des colonnes 5 et 6, dépenses et tournées, la balance s'obtient en ajoutant la différence aux acomptes, colonne 7.

117. Livre d'avances. — Pour tenir le journal, il est nécessaire d'avoir un livre d'avances sur lequel chaque exploitation a un compte ouvert, où toute somme versée est inscrite. Chaque mois on arrête le total, qui est reporté au journal, dans la colonne des acomptes. Voir, page 114, l'exemple d'un livre d'avances.

EXEMPLE DE TENUE DE LIVRE D'AVANCES

Série Nº

Forêt de la Truche

DATES	OUVRIERS	DIVISIONS	NATURE du TRAVAIL	Quantité	Prix		Somme		TOTAL MENSUEL	
					fr.	c.	fr.	c.	fr.	c.
	Report d'avances.									
18 mai	Morel, Louis . . .		Coupage	10 sᵗ	»	75	7	50		
30 id.	Rerot, Jean . . .		Fagotage	3,000	4	»	120	»		
	Morel, Jacques . .		Elagage	bloc	50	»	50	»		
	Enée		Fossés	250 m.	50	»	50	»	227	50

118. Livre d'exploitation. — Le journal forestier mis au net par compte de coupes s'appelle livre d'exploitation. Il est tenu par *doit* et *avoir*, résume la comptabilité de la forêt et sert d'auxiliaire à la comptabilité générale (journal et grand-livre).

Le livre d'exploitation est essentiel à tout propriétaire dont les affaires n'exigent pas une comptabilité plus étendue et peut être établi dans la forme indiquée page 116.

Dans ce registre, les deux colonnes intitulées *montant* forment livre de caisse, et les autres colonnes de la recette et de la dépense sont les livres de comptes.

119. Livre à souche. — Le livre à souche est employé pour les menues ventes, les expéditions, réceptions, etc. Voir, page 117, l'exemple de livre à souche des menues ventes, et p. 118, l'exemple de livre à souche des exploitations.

MODÈLE DE LIVRE D'EXPLOITATION

Mois	Jours	NATURE des RECETTES ET DES DÉPENSES	RECETTE				DÉPENSE			
			Montant	Industrie et service	Bois de feu	Divers	Exploitation	Transport	Divers	Montant
			fr. c.	fr. c.	fr. c.	fr. c.	fr. c.	fr. c.	fr. c.	fr. c.

LIVRE A SOUCHE DES MENUES VENTES

N° 1

FORÊT DE. . . . .

Livraison du. . . . . .

Nature	Quantité	Somme	Total
Perches . . .	40	67^f	
Fagots . . .	100	6	73^f

N° 1

FORÊT DE. . . . .

Livraison du. . . . . .

Nature	Quantité	Somme
Perches . . .	40	67^f
Fagots . . .	100	6
		73

A remettre au garde à l'enlèvement.

Le coupon est donné à l'acquéreur, qui le remet au garde à l'enlèvement. Chaque année on fait le total par forêt sur le talon.

LIVRE A SOUCHE DES EXPÉDITIONS

N° 1

FORÊT DE ....

EXPÉDITION DU ....

Pour destination ....

Le Chef de chantier,

N° 1

FORÊT DE ....

EXPÉDITION DU ....

Le Chef de chantier,

A remettre à l'usine ou au destinataire.

Ce livre est tenu par les les chefs d'ateliers, charbonniers, scieurs, etc., qui en détachent un coupon à chaque expédition pour servir de lettre de voiture.

Le même modèle peut servir comme déclaration de réception ou bon de paiement.

120. **Livres divers.** — Indépendamment des livres précédemment indiqués, il peut être nécessaire d'en avoir d'autres, tels que livres de chantiers, de scieries, usines, etc., lorsque le propriétaire fait lui-même le commerce de ses bois.

121. **Dossier.** — Toutes les pièces relatives à chaque exploitation forment un dossier à part. Ces pièces sont : le *procès-verbal de balivage et martelage*, l'*état de cubage*, l'*état de livraison*, les *marchés de transport et de vente*, les *situations mensuelles*, les *reçus*, les *travaux d'entretien et d'amélioration*, etc.

Procès-verbal de balivage et de martelage. — Le procès-verbal de balivage, dont la formule est donnée à la fin du volume, constate la réserve de la coupe. On y mentionne les arbres abandonnés à l'exploitation et on peut y joindre le récolement.

État de cubage, carnet et livre des coupes. — Toutes les futaies exploitées sont numérotées, cubées et classées par essences à l'état de cubage, qui sert également pour les coupes de bois secs, chablis et de délit : la formule en est donnée § **111**.

État de livraison. — La livraison est la réception de tous les produits en forêt et termine l'exploitation de la coupe.

Elle est préparée à l'avance par le garde contradictoirement avec les ouvriers, et contrôlée par le propriétaire ou son agent le jour de la livraison.

LIVRAISON DE LA COUPE

Forêt de............................

Division............................

OUVRIERS	STÈRES		ABATAGE			DÉRACINAGE	Fagots	PRIX	SOMMES	TOTAUX	OBSERVATIONS
	Charbon	Choix	Chênes	Hêtres	Charmes	Chênes					

Marchés de transport et de vente. — Il est traité des
ventes dans le chapitre III de l'administration, et des
marchés dans le chapitre IV. (V. ces deux chapitres,
§ 135 à 141.)

Situations mensuelles. — Chaque mois il est fait une
situation dite *mensuelle* : 1° des produits en existence en
forêt ou sur les chantiers ; 2° des sommes à recouvrer.

SITUATION EN FORÊT AU....

COUPE	Stères			Fagots		Bois en grume	Bara- ques, chan- tiers	Divers
	bois de choix	à car- boniser	en feu	ordi- naire	d'éclair- cie			

NOTA. — Cet état est rempli par le garde ou par l'employé
chargé des exploitations et envoyé au propriétaire ou à son
administration.

SITUATION DES SOMMES A RECOUVRER

Coupe ou division	ACHETEURS		Nature des produits vendus	Date de la vente	Sommes	Total
	Nom	Domicile				

NOTA. — Cet état n'est autre chose que le résumé de l'état
des sommes à recouvrer du livre à souche des menues
ventes.

Travaux d'entretien et d'amélioration. — Il est traité

de l'exécution des travaux au chapitre v de la IVe partie, § 142 à 150.

Reçus. — Toute somme importante remise par l'agent fait l'objet d'un reçu dans la forme suivante :

Reçu de . . . .

. . . . . *la somme de* . . . .

N^{***} *le.* *1 8*

Fr. . . . . .

CHAPITRE III

ORDRE DES OPÉRATIONS

---

122. Au commencement de chaque année, la prévision de l'aménagement est revisée.

Sur l'état qui en est dressé (formule de prévision, § 92, état n° 4 du cahier d'aménagement), on rapporte toutes les coupes à exploiter et leur produit présumé.

Cet état, approuvé par le propriétaire, est remis aux agents chargés de l'exécution, qui opèrent d'après les règles de la culture et de l'aménagement.

123. Il est dressé procès-verbal du balivage, et on arrête en même temps l'estimation définitive (formule de procès-verbal de balivage, à la fin du volume).

On procède ensuite aux ventes sur pied dont il est traité au chapitre des ventes, § 135 à 137.

124. Le propriétaire qui exploite lui-même donne ordre aux gardes, dans les premiers jours de l'automne, de commencer les exploitations, en lui faisant connaître les conditions et prix de façon. Cet ordre est transcrit au copie de lettres. (V. § 114.)

125. Du jour où l'exploitation est commencée, l'agent rapporte toutes ses recettes, dépenses et avances, au journal forestier, qui est arrêté chaque mois et envoyé à la comptabilité ou au propriétaire. (V. § 116.)

126. La livraison ou réception des produits a lieu dès que l'exploitation est entièrement terminée. (V. § 121.)

Le garde la prépare quelques jours à l'avance contradictoirement avec les ouvriers, et l'agent la contrôle le jour désigné à cet effet.

Il règle les ouvriers en même temps.

127. La livraison terminée, le propriétaire ou agent s'occupe de la vente et de l'enlèvement des produits façonnés. Les futaies, bois de vente et divers sont livrés aux acquéreurs ; les stères à carboniser aux charbonniers, etc.

128. La situation mensuelle établie à partir de ce moment tient au courant des progrès de l'enlèvement et se continue jusqu'à ce qu'il soit achevé. (V. § 121.)

Vient ensuite le récolement, dont l'acte est mentionné à la fin du procès-verbal de balivage et termine la coupe. (V. § 112 et modèle à la fin du volume.)

129. Dans le cas où le propriétaire utilise les produits de ses bois, il convient de remettre au garde-vente ou chef de chantier le livre à souche des expéditions.

Il en est de même pour le livre de réception tenu par le destinataire, l'usine, etc.

Et ainsi des autres livres.

QUATRIÈME PARTIE

~~~~~~~~~~~

ADMINISTRATION & SURVEILLANCE

CHAPITRE PREMIER

PRINCIPE FONDAMENTAL

---

130. Un propriétaire peut administrer lui-même ses forêts ou en confier la gestion à un fondé de pouvoirs ou agent qu'il institue à cet effet.

Nous n'examinons ici que le cas où les propriétés sont administrées par un agent.

131. Le service de cet agent comprendra la surveillance et la direction des exploitations, les travaux d'amélioration et d'entretien, et enfin la comptabilité qui y est relative.

Il passera encore les marchés (v. modèles, chap. IV),

fera signer les traités (v. au chapitre III des ventes, et surveillera la rentrée des fonds.

132. Cet agent sera le chef du service et correspondra seul et directement avec le personnel placé sous ses ordres. Il fera des tournées fréquentes et en rendra compte au propriétaire par les situations mensuelles.

Il sera chargé tout particulièrement d'assurer l'exécution de l'ordre de service.

CHAPITRE II

ORDRE DE SERVICE DES GARDES FORESTIERS

———

133. Forêt de . . . .

. . . .

. . . .

Commune de. . . . .

Canton de. . . . .

Département . . . .

Garde (1) . . . .

Entré en service le . . . .

Résidant à . . . .

———

Le garde devra correspondre avec . . . . .

134. Article premier. — *Entrée en service. Serment.*
— Les gardes n'entreront en exercice de leurs fonctions
qu'après avoir rempli les formalités exigées pour valider
leurs commissions. (Code forestier, art. 117.)

———

(1) En même temps que les nom et prénoms du garde, indiquer
s'il est garde-chef, en titre, mixte ou de l'administration.

Les frais de prestation de serment leur seront remboursés.

ART. 2. — *Résidence*. — Ils résideront dans les localités qui leur auront été assignées, et ne pourront en changer sans une autorisation écrite.

ART. 3. — *Maladie*. — En cas de maladie, les gardes feront prévenir immédiatement leur chef, pour que celui-ci puisse pourvoir à leur intérim.

ART. 4. — *Commerce des bois. Auberge. Surveillance des autres propriétés*. — Il est défendu aux gardes, sous peine de destitution, de faire le commerce des bois, de tenir auberge ou débit de boissons, de tabacs ou autres, et de fréquenter des individus notoirement connus pour être délinquants, malfaiteurs ou braconniers.

Les gardes particuliers qui auraient accepté la surveillance d'autres propriétés privées, sans y avoir été autorisés, pourront être de plein droit déclarés démissionnaires.

ART. 5. — *Chasse*. — Il leur est également interdit de chasser dans les forêts commises à leur garde, et d'y laisser chasser sans permission.

ART. 6. — *Culture. Chantiers, etc. Leurs charges*. — Les gardes ne pourront cultiver les anciennes places à charbon, chantiers, emplacements de baraques ou ateliers, ni rien enlever et s'approprier, sans y avoir été préalablement autorisés.

Dans tous les cas, la culture des places à charbon et chantiers ne pourra durer plus de deux ans; après quoi, les gardes devront les repiquer à leurs frais, et en essences qui leur seront désignées.

ART. 7. — *Police des forêts. Procès-verbaux. Feu à distance prohibée. Enlèvement des terres, etc. Plants, semis, mutilation d'arbres. Pâturage. Saisie. Faux chemins. Visites domiciliaires. Délinquants inconnus. Clôture des procès-verbaux.* — Les gardes visiteront leur triage plusieurs fois par jour, souvent pendant la nuit, et même par le mauvais temps.

Ils constateront par procès-verbaux en bonne forme (modèle à la fin du volume) tous les vols, délits de bois et contraventions dont ils auront reconnu les auteurs, et signaleront sur leur registre les délits graves, lors même que les délinquants ne leur seraient point encore connus.

Ils veilleront attentivement à ce qu'on ne fasse point de feu dans l'intérieur, ni à moins de deux cents mètres à l'extérieur des forêts. (C. F., art. 148.)

Ils ne permettront pas qu'on y enlève des terres ou gazons, pierres, sables, minerais, tourbes, bruyères, genêts, herbages, feuilles vertes ou mortes, engrais, glands, faînes et autres fruits et semences (C. F., art. 144), pas plus que les chablis, bois de délit et autres productions du sol des forêts (C. F., art. 197-198); qu'on touche au sol des places à charbon, qu'on arrache des plants (C. F., art. 195), qu'on foule les jeunes semis, qu'on mutile, éhoupe ou écorce des arbres, ni qu'on en coupe les branches. (C. F., art. 196.)

Ils défendront l'entrée du bétail, des chèvres et des porcs dans les forêts, et n'y laisseront pas pratiquer de nouveaux et faux chemins. (C. F., art. 147-199).

Les gardes sont autorisés à saisir les bestiaux trouvés en délit et les instruments, scies, haches, serpes, cognées, voitures et attelages des délinquants, et à les mettre en séquestre, ainsi que les objets enlevés, en se conformant aux lois. (C. F., art. 161, § 1, 162-167 et 198.)

Ils feront des visites domiciliaires toutes les fois que leur service l'exigera, assistés d'un officier municipal, qu'ils requerront au besoin, en le mentionnant sur leurs procès-verbaux. (C. F., art. 161, § 2, 162.)

Les gardes arrêteront et conduiront devant le juge de paix ou devant le maire tout inconnu qu'ils auront trouvé en flagrant délit. (C. F., art. 163.)

Ils ne manqueront pas d'affirmer et de faire enregistrer leurs procès-verbaux dans les délais prescrits (C. F., art. 165-170, § 1), et de les adresser à leur chef.

ART. 8. — *Reconnaissance des bornes.* — Les gardes feront souvent une reconnaissance exacte des bornes de périmètre et d'aménagement ; s'ils reconnaissent que les bornes ont été arrachées, ils tâcheront d'en découvrir les auteurs et verbaliseront.

Dans tous les cas, ils en feront mention sur leurs registres d'ordre.

Tranchées. Dégradations sur les routes. Empiétements. — Ils auront soin de maintenir ouvertes et bien nettoyées les tranchées d'aménagement, ainsi que les limites séparatives d'autres propriétés, et d'empêcher les dégradations qui pourraient être commises sur les routes et chemins traversant leur triage, ainsi que les empiétements, élargissements, rectifications, etc., etc., que les administrations des routes, chemins de fer et autres pourraient faire sans autorisation.

Chemins forestiers. — Ils devront entretenir spécialement les chemins forestiers, et ne prendre que pour les grandes réparations ou rectifications, des ouvriers auxquels le chef du service marchandera les travaux à exécuter.

ART. 9. — *Installation des ouvriers.* — Les gardes installeront eux-mêmes tous les ouvriers qui auront à travailler dans leur triage.

Ils désigneront aux charbonniers, bûcherons, scieurs et autres ouvriers, les fauldes et emplacements de chantiers, baraques, ateliers, etc., etc., à moins que le chef du service ne l'ait déjà fait.

Surveillance des exploitations. — Ils surveilleront avec grand soin les éclaircies, coupes, chantiers et en général toutes les exploitations et travaux, et s'assureront, dans leurs tournées, que les gardes-vente, charbonniers ou autres ouvriers baraqués dans les forêts, ne brûlent pas de bois vert pour leur chauffage, ne tiennent pas de débits clandestins, etc., etc., enfin, qu'ils se conforment aux ordres et prescriptions donnés. Ils rendront compte au chef du service, et, en cas de flagrant délit, rédigeront immédiatement procès-verbal.

Marteaux. — Les gardes choisiront et marqueront de leur marteau, qu'ils devront toujours avoir avec eux, de nouvelles réserves dans les coupes en exploitation, soit quand le balivage sera trop espacé, soit quand il y aura des réserves abattues ou rompues par les vents ou par la chute d'autres arbres, et en prendront note sur leur registre.

Ils frapperont encore de leur marteau les bois de délit et chablis, et les cuberont sur des états qu'on leur remettra. (Modèle ci-dessus.)

ART. 10. — *Règlement. Plaque. Registre. Plan du triage, etc.* — Il sera remis à chaque garde, à son entrée en service et en même temps que sa commission, les objets suivants, qu'il devra rendre à première réquisition ou à sa sortie.

Iº Le règlement;

IIº Une plaque, un marteau, une griffe et un sécateur;

IIIº Un registre folioté où il notera ses observations et procès-verbaux;

Le chef du service y inscrira les ordres qu'il donnera, et le visera à chaque tournée;

IVº Plusieurs feuilles de papier timbré pour procès-verbaux, moyennant paiement, et dont la valeur lui sera remboursée, ainsi que les frais d'enregistrement, après expédition;

Vº Et un plan du triage.

Les gardes sont, en outre, tenus d'avoir, en sus de leurs sacs, une serpe, une pelle et une pioche.

ART. 11. — *Traitement. Ports de lettres.* — Le traitement des gardes est réglé par trimestre et contre reçu. (Modèle ci-dessus.)

Ils affranchiront leurs lettres et procès-verbaux, et il leur en sera fait état à chaque trimestre.

ART. 12. — *Chauffage.* — Chaque année, on désignera aux gardes qui ont droit au chauffage, les coupes où ils pourront ramasser le bois mort ou prendre des fagots.

Les gardes reconnus pour avoir vendu leur chauffage ou l'avoir cédé, en seront privés jusqu'à nouvel ordre, et pourront être destitués en cas de récidive.

CHAPITRE III

DES VENTES

---

135. Les **ventes principales,** payables à terme, seront faites de gré à gré, par soumissions cachetées, ou par adjudication devant notaire, en présence du propriétaire ou de son délégué.

Dans le premier cas, les adjudicataires souscriront des traites acceptées par des cautions solvables.

MODÈLE DE TRAITE
(Sur timbre)

Au . . . . les soussignés . . . .
. . . . s'engagent solidairement à payer à l'ordre de M. . . . . . la somme de . . . . valeur reçue en bois.

A . . . le . . . .

L'adjudicataire, *La caution,*

Fr. . . . .

Les **ventes de menus produits** seront payables au comptant. (Voir livre à souche des menues ventes, p. 117.)

136. Conditions principales d'une vente de futaie. — L'adjudication des arbres en grume se fera par soumissions cachetées et en bloc pour chaque coupe.

Les soumissions seront au mètre cube, et le mesurage au cinquième déduit pour les chênes, et au quart sans déduction pour toutes les autres essences, c'est-à-dire que le cinquième ou le quart de la circonférence mesurée sur l'écorce formera le côté du carré.

Les chênes et les sapins seront livrés courant mai et même plus tôt, si faire se peut, abattus, sciés ou déracinés.

Dans les coupes à écorcer, les chênes au-dessous d'un mètre de tour à 1^{m}33 de hauteur feront partie de l'écorce.

Les arbres déracinés, abattus ou sciés, seront mesurés depuis la souche, à partir du point où ils peuvent former le carré, jusqu'à la découpe, qui se fera à 0^{m}75 de tour.

Par exception, les sapins seront livrés écorcés.

La vidange des produits devra être terminée au 31 décembre et le paiement au 15 août de la même année, en une traite au domicile du vendeur.

Pour le surplus, l'adjudicataire se conformera aux lois et règlements forestiers.

Nota. — D'après ce modèle, chaque propriétaire pourra, selon ses convenances et les circonstances, ajouter ou retrancher telle condition qu'il jugera à propos.

137. Marché d'écorces (sur timbre). — Entre M. X. . . . . propriétaire à. . . . . d'une part ;

Et MM. A . . . . et B . . . . marchands d'écorce à . . . . . il a été conclu le marché dont la teneur suit :

X . . . . vend à A . . . . et B . . . . acceptant, les écorces essence chêne qu'il se propose de faire exploiter au printemps prochain dans la coupe de la forêt de . . . sur la commune de . . . . division . . de la série n° . . d'une contenance de . . .

L'abatage du chêne sera fait à la hache, en talus, de manière que l'eau ne puisse séjourner sur la souche.

Il est à la charge et au compte des acquéreurs, qui sont tenus de donner à la bûche une longueur de . . ou de laisser les perches divisibles par longueur de . . pour ne pas faire de fausse coupe.

Tout brin de chêne jusqu'à un centimètre et demi de diamètre devra être écorcé, et ainsi faire partie du stère, et pour le cas où les sieurs A et B omettraient ou ne pourraient pas tout écorcer, ils n'en seront pas moins tenus au paiement du prix ci-après stipulé, à moins que X ne les en exonère.

Les futaies de chêne au-dessus de 1 mètre de tour à 1^{m}33 de hauteur ne font plus partie de l'écorce.

Il est expressément interdit d'écorcer sur pied, dans la crainte d'abîmer les souches.

L'exploitation sera terminée pour le 15 juin prochain.

Les acquéreurs seront tenus de respecter toutes les réserves frappées du marteau (indiquer la marque), qui sont au nombre de. . (suit le détail), lesquelles devront être reproduites au récolement, sous peine de tous dommages-intérêts.

Le prix des écorces sera payé par les acquéreurs à raison de.   . fr. le stère empilé au compte de X.

Le paiement aura lieu le .   .   . de l'année prochaine, au domicile de MM.   .   .   .   .   .   . à .   .   . et à valoir sur la somme qu'ils auront à payer, ils souscrivent à l'instant même un billet de.   . fr. à l'ordre du vendeur et payable à ladite échéance.

Aussitôt que le dressage des stères de chêne sera achevé, les sieurs A et B seront tenus de se rendre en forêt pour assister au décomptage, et faute par eux de s'y rendre, il y sera procédé par voie d'experts à la nomination du juge de paix du canton, afin d'éviter tout retard qui pourrait entraver la vente ou la carbonisation.

Les arbres qui n'auraient pas été façonnés en bûches seront estimés au stère, et le prix fictif entrera ainsi dans le nombre total des stères à payer à raison de.   . fr. le stère.

Fait double à.   .   .   .   .

Nota. — Dans le cas où l'écorce est vendue à forfait, soit pour toute la coupe, soit à l'hectare, le 1er paragraphe en italique sera supprimé et les autres paragraphes en italique seront remplacés par le suivant :

Ils paieront au vendeur la somme de .   .   . à .   .   . le .   .   .   . et à l'instant ils ont souscrit solidairement un effet de commerce à l'ordre de X***, payable au domicile de MM.   .   .   .   .   .   . à .   .   .   .   . (banquier ou agent).

Fait double à.   .   .   .   .

CHAPITRE IV

DES MARCHÉS

---

138. Les différentes entreprises qui se font en forêt doivent, autant que possible, être l'objet de marchés spéciaux. Ces entreprises consistent dans l'abatage et la façon des coupes, les transports de bois, charbons, etc., les élagages, préparations de futaies, les plantations, les constructions et entretiens de routes, etc. Ces marchés sont de différentes formes et au gré du propriétaire. Comme indications, nous en donnons quelques exemples.

139. **Marché de transport de fagots**. — Entre M. X***, propriétaire à . . . . d'une part ;

Et Jean-Marie, voiturier à . . . . d'autre part,

Il a été conclu le marché suivant :

Le sieur Jean-Marie s'engage à transporter à la tuilerie de la Boube, appartenant à M. X***, tous les fagots que celui-ci se propose de faire façonner dans sa coupe de *la Farine,* ordinaire 18 , et à les enlever au plus tard un mois après la livraison, sous peine de payer *un franc* par cent de fagots qui ne seraient pas enlevés immédiatement après signification, et de supporter en outre les frais de reliage desdits fagots.

Par contre, M. X*** paiera audit voiturier la somme de . . . par cent de fagots déchargés à la tuilerie de la Boube.

Fait double à . . . .

140. Marché de transport de charbons. — Entre M. X***, maître de forges à . . . . d'une part ;

Et Pierre-Alexis, voiturier à . . . . d'autre part,

Il a été conclu le marché suivant :

Le sieur Pierre-Alexis s'engage à transporter aux forges de . . . . . et aux usines de . . . . tous les charbons que M. X*** se propose de faire carboniser dans sa coupe du Fahy, ordinaire de 18 , au fur et à mesure de la carbonisation, sous peine de payer une somme de vingt francs par chaque quantité de dix mètres cubes de charbon qui séjournerait plus de vingt-quatre heures en forêt après signification d'enlèvement.

Par contre, M. X*** paiera audit voiturier la somme de . . . . par chaque quantité de dix mètres cubes de charbon déchargée aux forges de . . . . . et la somme de . . . . pour la même quantité déchargée aux usines de. . . . .

Fait double à . . . .

141. Marché d'entretien des chemins. — Entre MM. A. et B., propriétaires à . . . . d'une part;

Et M. X***, entrepreneur à . . . . d'autre part,

Il a été conclu le marché suivant :

Le sieur X*** s'engage, dans le délai de six mois, à partir du . . . .

1° A exécuter l'empierrement du chemin forestier dit de la Goutte du Four, c'est-à-dire de fournir six cents mètres cubes de pierre cassée, suivant les besoins.

2° Ces pierres seront soigneusement ramassées sur tout le parterre de la forêt, le long du chemin, et à défaut extraites dans les endroits et lieux qui seront ultérieurement indiqués.

3° Elles seront cassées à l'anneau de six centimètres, rendues et mises en place sur toute la longueur du chemin aux endroits désignés, en tas qu'on cubera approximativement, et en cas de désaccord, exactement, aux frais de l'entrepreneur.

4° Bien entendu que ce travail n'empêchera pas l'entrepreneur de remettre en état les détériorations et éboulements des terrassements des chemins, de réparer les aqueducs, murs et autres ouvrages qui se trouveraient défaits, et enfin de niveler les ornières et trous qui pourraient exister au moment de l'empierrement.

5° L'entrepreneur est responsable des délits et dommages causés par ses ouvriers dans les forêts du . . . et ce, pendant toute la durée dudit travail.

6° De leur côté, MM. A. et B. paieront à l'entrepre-

neur . . francs . . centimes (en toutes lettres),
par mètre cube de pierre cassée à l'anneau de six centimètres, et lui verseront, au fur et à mesure des travaux, des acomptes qui devront rester toujours infé-
rieurs d'au moins . . . au travail fait.

7° MM. A. et B. se réservent le droit de faire répandre
de suite ces pierres à l'entrepreneur, dans lequel cas on
comptera un mètre cube par chaque cinq mètres de longueur mis en place, sur deux mètres de largeur et dix
centimètres d'épaisseur.

8° Le sieur X*** s'engage encore à fournir, s'il est
nécessaire, et dans le même délai, cinquante mètres
cubes de pierre cassée à l'anneau de cinq centimètres, à
raison de . . . . . du mètre cube, pour le chemin
du Chalet, les autres conditions étant les mêmes que
pour celui de la Goutte du Four.

Fait double à . . . .

CHAPITRE V

EXÉCUTION DES TRAVAUX

---

142. Nous avons vu, dans la culture, que les travaux d'entretien et d'amélioration doivent être faits dans une juste mesure et avec économie.

Dans l'aménagement nous avons appris à les prévoir et à en tenir note.

Par la comptabilité, nous savons classer et enregistrer les dépenses qu'ils occasionnent.

Il nous reste à donner quelques détails d'exécution.

Nous nous bornerons à des notions sommaires, ne voulant en rien influencer les prérogatives du propriétaire, qui est toujours libre d'apporter tel changement qu'il lui plaira.

Nous le rappelons d'ailleurs ici, ce traité n'a d'autre but que de donner au propriétaire un canevas, une base plus ou moins *modifiable* pour la bonne gestion de ses propriétés.

143. Chemins. — L'exécution et la largeur des chemins dépendent de leur usage et de leur fréquentation.

Au fur et à mesure des exploitations, on rectifiera, s'il y a lieu, les chemins, et chaque année une certaine somme sera affectée à leur entretien : boucher les ornières, empierrer, écrêter les parties élevées et remblayer celles qui se trouvent trop basses, etc.

On peut distinguer deux sortes de chemins, ceux qui servent de sommière et ceux qui servent de limite de coupes.

Chemins sommières. — Les chemins qui serviront de sommières recevront de quatre à cinq mètres de largeur et seront bordés de rigoles de cinquante centimètres de profondeur. La terre des bords et des fossés sera rejetée de manière à former un bombement régulier de quarante à cinquante centimètres sur l'axe.

Ces chemins peuvent être seulement bombés, sans rigoles, tout en conservant la même largeur. La terre des bords doit alors être rejetée de manière à former un bombement plus fort, cinquante à soixante centimètres sur l'axe.

Chemins de coupes. — Ces chemins recevront trois mètres de largeur, entre rigoles de quarante centimètres de profondeur, et la terre sera rejetée de manière à former un bombement de trente centimètres sur l'axe du chemin.

S'ils sont bombés sans rigoles, ils conserveront la même largeur, et la terre des à-côtés sera rejetée sur le milieu de manière à former un bombement plus fort, quarante centimètres.

Chemins en montagne. — Les chemins en montagne

et en coteau seront moins larges et moins bombés que les chemins en plaine. Des revers d'eau, de petits aqueducs et des talus seront souvent nécessaires.

Talus. — Tous les talus de chemins, fossés et rampes, devront être inclinés au moins à 45°, quand ils dépasseront trente centimètres de hauteur.

Lorsque l'état des lieux le permettra et qu'on aura la pierre sur place, les talus, au lieu d'être en terre, seront en pierres sèches mises à plat les unes sur les autres.

Empierrement. — Tous les chemins devront être empierrés quand on pourra le faire à peu de frais. L'empierrement sera déposé dans un encaissement de 0^{m}10 de profondeur.

Les chemins non empierrés seront engazonnés avec soin et fauchés chaque année, *en été,* par les gardes.

Le premier empierrement sera à l'anneau de 0^{m}09; le second, à celui de 0^{m}07; et l'entretien, à celui de 0^{m}05 ou 0^{m}06.

144. Bornes. — Toutes les bornes seront en pierre dure et non gélive. Elles seront piquées à la grosse pointe du marteau et les angles relevés à trait de ciseau.

Elles seront plantées à moitié de hauteur.

On peut distinguer trois sortes de bornes : celles de périmètre, celles d'aménagement et les bornes kilométriques.

Bornes de périmètre. — Les bornes de périmètre sont prismatiques rectangulaires avec sommet arrondi.

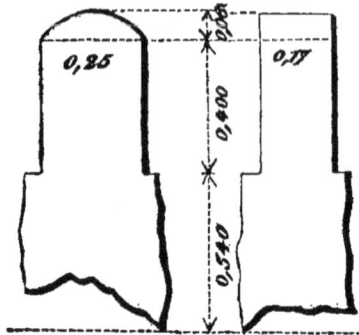

Dimensions en plaine.
Dimensions en montagne

Longueur totale, 1 mètre   0ᵐ750

dont 0ᵐ060 hauteur de la partie arrondie 0ᵐ050

    0 400 — du prisme   0 350

    0 540 — de la partie brute ou patte 0 350

    1   »   0 750

avec 0ᵐ25 de face sur 0ᵐ17 de côté.

Bornes d'aménagement. — Les bornes d'aménagement
sont prismatiques quadrangulaires avec sommet à pyramide.

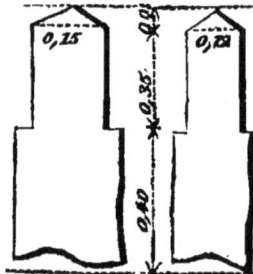

Dimensions.

Longueur totale, 0ᵐ80

dont 0ᵐ50 hauteur de la pyramide.

    0 350 —   du prisme.

    0 400 —   de la partie brute ou patte.

    0 800

avec 0ᵐ20 de côté.

Ces bornes sont plantées sur l'axe des lignes ou tranchées, à deux mètres en deçà des extrémités.

Quand les chemins serviront de limites de coupes, elles seront plantées aux mêmes distances que ci-dessus des extrémités, l'une d'un côté du chemin et l'autre de l'autre côté.

Bornes kilométriques. — Les bornes kilométriques seront dans la même forme que les bornes d'aménagement, un peu moins hautes, et le chiffre sera taillé dans un petit encaissement.

Longueur totale, 0,70

dont 0^m050 hauteur de la pyramide.

0 300   —   du prisme.

0 350   —   de la partie brute ou patte.

0 700 avec 0,12 sur 0,15 de côté.

Dimension de l'encaissement : 0^m08 sur 0^m10.

145. Fossés. — On peut établir quatre catégories de fossés, de la manière suivante :

	Ouverture.	Profondeur perpendiculaire.	Largeur au fond.
1re catégorie	1^m50	0^m80	0^m20
2e —	1 25	0 65	0 18
3e —	1 »	0 50	0 16
4e —	0 75	0 40	0 14

Fossés de périmètre. — Pour le périmètre des champs, pâturages et lieux découverts, on emploiera les première et seconde catégories.

Pour les limites entre forêts, les troisième et quatrième catégories ;

Les terres provenant du fossé de périmètre seront jetées sur le bord, du côté de la propriété, et placées en talus très incliné et au moins à 45°.

Les fossés étant creusés sur le périmètre d'une borne à l'autre, on laissera autour de chacune d'elles un massif de terre de :

Un mètre de rayon pour les première et deuxième catégories,

Et soixante-quinze centimètres pour les troisième et quatrième catégories.

Fossés de chemins. — Pour les chemins de quatre mètres, on emploiera la troisième catégorie, et pour ceux de trois mètres, la quatrième catégorie.

Fossés d'assainissement. — Les fossés de troisième et quatrième catégorie servent encore à l'assainissement des parties humides. Les terres sont rejetées de chaque côté à 0m30 des bords, avec saignées de distance en distance, ou bien elles sont répandues à la pelle.

Les anciens fossés d'assainissement doivent être soigneusement curés à chaque exploitation, et maintenus à leur largeur primitive.

146. Tranchées. — Dans l'aménagement sur le terrain (voir ci-dessus), lorsqu'on doit recourir aux tranchées droites pour limiter les coupes, il est d'usage de donner à ces tranchées un mètre de largeur sur dix centimètres de profondeur. Les souches sont extraites et la terre est rejetée de chaque côté à trente centimètres au moins des bords.

En montagne, on assure les tranchées droites par des cordons en pierres brutes placées les unes à la suite des autres. Quelquefois on se borne à couper le bois sur les tranchées, sans déraciner les souches et même en leur laissant une certaine hauteur. On peut encore ne pas couper les arbres qui se trouvent dans les tranchées, et leur donner un ceinturage à l'huile au-dessus duquel on place les numéros des divisions.

Dans tous les cas, il est essentiel que les gardes entretiennent les lignes séparatives des divisions.

147. Murs de clôture. — Les murs de clôture se font en pierres sèches. Ces pierres sont posées sur lit de carrière, par assises horizontales. Des gros de mur sont ménagés de distance en distance, de manière à relier les deux parements et à consolider la construction. Il suffit de donner aux murs quatre-vingts centimètres de hauteur, quatre-vingts centimètres de largeur à la base, et quarante centimètres à la partie supérieure, que l'on recouvre de grosses pierres disposées en hérisson. L'emplacement du mur est préparé par un creusage de 0^m10 de profondeur, nivelé et les souches extraites.

148. Plantations. Semis. Pépinières. — Les *plantations forestières* réussissent dans toutes les saisons de l'année. Le succès paraît dépendre du soin apporté dans la mise en place des plants, et surtout de la fraîcheur de leurs racines, dont le chevelu est très délicat et très sujet à se dessécher au printemps et en été.

Il faut éviter de planter pendant les sécheresses et en temps de gelée.

Une *pépinière* à proximité, et s'il est possible dans

l'intérieur de la forêt, est une excellente condition de succès quand il est nécessaire de planter.

Le *semis* réussit bien quand on a de bonnes graines, mais il est quelquefois plus coûteux que la plantation faite avec économie. Il est naturellement en retard de quelques années sur la plantation, ce qui peut être dans certains cas un grave inconvénient.

Pour reboiser un terrain nu, le semis est souvent préférable à la plantation, mais pour regarnir des clairières ou introduire des essences nouvelles dans la forêt, la plantation paraît mériter la préférence sur le semis.

L'industrie des pépinières a pris un grand développement. Quand on n'a besoin que de plants ordinaires, il est souvent préférable de les demander aux pépiniéristes, mais il est avantageux de produire les grands plants nécessaires pour regarnir après les coupes. A cet effet, on met en rigole des plants de dix-huit mois ou deux ans demandés aux pépiniéristes.

149. Reboisements. — Lorsqu'il s'agit de boiser un terrain étendu, on le partage en divisions à l'aide des chemins, des limites naturelles et au besoin de lignes droites, comme on le fait pour l'aménagement d'une forêt [1]. Ensuite on plante en bordure le long des chemins et des lignes de division. Puis on procède au repeuplement par division, de manière différente, suivant le mode de traitement qui sera plus tard appliqué à la forêt.

___

(1) Voir IIe partie.

1° Dans le cas où l'on se propose de traiter les bois en massifs de même âge, si le sol n'est pas complètement dénudé, on coupe les broussailles qui peuvent s'y trouver et l'on donne une certaine culture au terrain, souvent même quand on doit recourir à la plantation, puis on repeuple en plein.

Pour la plantation, on emploie des sujets jeunes et on les met à raison de 10,000 et quelquefois plus à l'hectare. Pendant plusieurs années on regarnit.

2° Dans le cas où l'on doit traiter les bois en massifs d'âge mêlé, on adopte une courte période, six ans par exemple, et l'on procède au repeuplement progressif.

Dans un sol *complètement nu*, il suffit, en général, de 3,000 plants par hectare. Pendant la première période, on plantera à raison de 1,000 plants par hectare et autant dans chacune des deux périodes suivantes. Aux plantations de la première période, on peut ajouter 100 potets par hectare, qui pourront fournir un certain nombre de plants utilisables dans la suite. Pour la première période on prend des plants ordinaires, et pour les deux périodes suivantes des plants forts.

Dans un terrain *en partie couvert* de broussailles, on repeuple les vides à la première période. A la deuxième on coupe la broussaille, en conservant tous les sujets de bonnes essences qui peuvent s'y trouver, et l'on repeuple en forts plants. A la troisième période on opère comme à la deuxième.

S'agit-il d'une forêt qui a été *réalisée*, et où il ne reste plus après la coupe qu'un sol très imparfaitement garni en sujets, la plupart défectueux et endommagés, il faut

éviter de raser tous ces mauvais bois d'un aspect désa-
gréable. Ils forment un abri précieux et beaucoup se
rétablissent. En adoptant la période de six ans, par
exemple, on pourra planter, dans la première, 500 plants
forts, très espacés et dans les vides et clairières. Dans la
deuxième, 250 plants, et faire un premier nettoiement.
Dans la troisième, on procédera comme dans la
deuxième. Au bout de trois périodes de six ans, la forêt
est, en général, rétablie et peut être soumise à des prévisions d'exploitations régulières.

150. Pâtures boisées. — Le mouton et la chèvre
détruisent le bois, et il n'est ici question que du pâturage du grand bétail. Il ne met pas obstacle à la reproduction naturelle du bois et permet de l'aménager.

Dans les domaines de haute montagne, un bail règle
ordinairement pour trois, six ou neuf ans le pâturage et
assure le chauffage du fermier. Quant à l'exploitation du
bois, elle est réservée par le propriétaire, qui la fait à sa
convenance et en général sans aménagement.

Considérons séparément le sous-bois, les arbres de
futaie et la manière dont ils se recrutent.

Ordinairement abrouti, le sous-bois dégénère en
broussailles épaisses qui encombrent le sol, restreignent
le pâturage et ralentissent la végétation ligneuse. Il s'en
dégage à la longue des arbres servant au recrutement de
la futaie. Plus ou moins difformes, ces arbres sont
moins bons et moins nombreux que ceux qui se produisent en dehors des broussailles.

Dans l'intérêt du pâturage et des arbres de la pâture,

il est donc utile de débarrasser le sous-bois en réservant les semis naturels et les sujets de bonnes essences.

En général, l'exploitation du sous-bois est négligée et le propriétaire ne vend que les arbres ayant une valeur commerciale. Le sous-bois reste, et, par-dessus, les arbres les moins bons. C'est ainsi que s'appauvrissent en même temps le bois et la pâture.

Il y a tout à gagner à un aménagement. A cet effet, on établit, comme pour la forêt pleine, des divisions fixes, des inventaires par division, un cahier d'aménagement et des prévisions d'exploitations à courte période.

La possibilité ne doit pas être réglée, comme dans la forêt, au point de vue exclusif de la production ligneuse et du taux de placement, mais en donnant au pâturage, et en la lui conservant, toute l'importance qu'il doit avoir.

Les inventaires de la futaie réservée et de la futaie exploitée, les prévisions et les réalisations de coupes, ainsi que les résultats financiers, se constatent comme pour la forêt pleine.

Ainsi conduit, l'aménagement des pâtures fait ressortir le profit du bois et permet de le comparer à celui du pâturage. On reconnaît qu'il est possible d'augmenter le revenu en bois, non seulement sans nuire au pâturage, mais en le rendant encore plus productif.

L'exploitation des broussailles doit être une prescription essentielle de l'aménagement et se renouveler à chaque période. Elle n'est devenue coûteuse que pour avoir été toujours négligée. En fixant la périodicité des coupes à six ans, on peut alléger la dépense en la répartissant sur deux périodes.

Au XVIᵉ siècle, lorsqu'on a commencé l'aménagement des futaies, *leur mise en coupes réglées,* ces forêts, placées sous le régime des défends, étaient remplies de souches de bois de délit, émergeant du sol et surmontées de rejets malvenants, qui mettaient obstacle à leur rétablissement. L'exploitation des étocs, *leur mise à blanc* a été coûteuse et difficile, plus peut-être que ne le sera celle des broussailles des pâtures, avec laquelle elle a une analogie remarquable.

Les vides des pâtures et les pâturages non boisés peuvent être utilement plantés, dans une mesure convenable, en essences bien choisies, au nombre desquelles le mélèze doit compter en première ligne.

La question de l'aménagement et du boisement des pâtures est de la plus haute importance. Il s'agit de plus de dix millions d'hectares, dont on peut augmenter et améliorer le revenu rapidement, et pour ainsi dire sans frais.

C'est la question forestière du XIXᵉ siècle, comme celle de l'aménagement des futaies a été celle du XVIᵉ.

Pour la résoudre, il faut abandonner ce qu'il y a de suranné dans la sylviculture officielle, tout ce qui ne peut supporter le contrôle.

La production la plus rémunératrice s'impose quelle que soit la qualité du propriétaire de terrains à bois, et le contrôle en donnera les conditions.

CHAPITRE VI

RETRAITE DES GARDES

151. Les gardes qui désireront avoir plus tard des retraites ou assurer des pensions à leurs veuves ou à leurs enfants, en cas de décès, devront subir des retenues annuelles sur leur traitement, retenues qui seront versées, par l'intermédiaire de l'agent, à une compagnie d'assurances sur la vie.

Le propriétaire se charge, sans frais, du placement de cette retenue et de l'exécution du traité du garde avec la compagnie.

CHAPITRE VII

DE LA CHASSE

―――――→

152. Nous reproduisons l'extrait suivant de la *Presse* du 26 août 1867, qui renferme sur les droits et les devoirs du chasseur d'excellentes indications :

« On est généralement dans l'erreur sur la nature du droit de chasser et sur les avantages résultant d'un permis de chasse. La chasse est un accessoire du droit de propriété. Les lois de 1789 et de 1844 le proclament hautement : « Nul ne peut chasser sur la propriété d'autrui sans le consentement du propriétaire. » Aucun avertissement préalable, aucune défense, ne sont donc nécessaires pour prévenir les chasseurs qu'ils commettent un délit, et qu'ils s'exposent à être poursuivis correctionnellement, en se mettant en chasse sur un terrain quelconque, sans le consentement du propriétaire.

» La première condition essentielle à remplir pour se livrer au plaisir de la chasse, ce n'est donc pas d'obtenir un permis de chasse, mais bien d'être propriétaire ou locataire d'un droit de chasse, ou tout au moins d'être invité à chasser. Le prix du permis de chasse est un impôt pour ainsi dire somptuaire, qui suppose l'existence du droit de chasse, mais qui ne le confère pas. Cette théorie résulte bien clairement de la loi de 1844, dont le texte est ainsi conçu :

« Le permis donne au chasseur le droit de chasser de » jour, à courre, sur ses propres terres et sur les terres » d'autrui, avec le consentement de celui à qui le droit » de chasse appartient. »

» La cour de cassation a décidé que le droit de chasse étant un accessoire du droit de propriété, nul autre que le propriétaire n'a le droit de s'emparer du gibier qui se trouve dans sa propriété. Bien que ce principe ait été quelquefois méconnu, la cour suprême a jugé que le droit de chasser appartient au propriétaire et non au fermier.

» Elle a décidé également que le gibier appartient à celui qui l'a tué ou blessé mortellement, tant qu'il ne le perd pas de vue, encore qu'il aille mourir sur le champ d'autrui. Cependant le chasseur n'a aucun droit sur le gibier blessé par lui, si cette blessure est légère et n'empêche pas le gibier de fuir et de gagner une propriété sur laquelle le tireur n'a pas permission de chasser.

» Si le gibier est tué là par un autre tireur, le premier ne peut prétendre à la propriété de l'animal.

» Un animal, mortellement blessé par un chasseur, qui le poursuit avec la certitude de l'atteindre, doit être considéré comme étant en sa possession, et un autre tireur ne peut, en achevant le même animal, s'en emparer.

» Le gibier doit être réputé en la possession du chasseur lorsque ses chiens l'ont forcé et sont sur le point de l'atteindre sans qu'il puisse leur échapper.

» La cour de Dijon a décidé que le chasseur qui a lancé une pièce de gibier sur sa propriété n'a pas le droit de la poursuivre sur un terrain dont la chasse ne lui appartient pas, et le propriétaire de ce terrain peut alors la tuer et se l'approprier.

» Un chasseur n'a pas même le droit de se poster à la lisière d'un bois ou d'une propriété qui ne lui appartient pas, pour tuer, à sa sortie, un animal lancé par ses chiens sur sa propriété ; la cour impériale d'Orléans a jugé que c'était là concourir au fait de chasse exercé par les chiens.

» En effet, pour qu'il n'y ait pas de délit de chasse dans ce cas, il faut que les chiens soient complètement abandonnés à eux-mêmes. Il y aurait également délit, si les chiens étaient en défaut et que le maître ou son piqueur fussent entrés sur le terrain d'autrui, pour les aider à retrouver la piste du gibier. Un arrêt de la cour suprême du 26 juillet 1860 a confirmé, sur ce dernier point, plusieurs décisions identiques rendues par les cours d'Orléans et de Rouen. — DE CAMPCOULON. »

I

MODÈLES

MODÈLE DE RAPPORT DE PROCÈS-VERBAL DE DÉLIT FORESTIER

(Sur timbre)

NUMÉRO D'ORDRE
du Garde
du Sommier

NOTA. — Désigner exactement les noms, prénoms, surnoms, professions et domiciles des personnes trouvées en délit.

Indiquer également l'instrument dont le délinquant était muni, et saisir cet instrument.

Spécifier l'âge, l'essence, la qualité et grosseur du bois de délit, l'âge du taillis, s'il s'agit de pâturage ou de faux chemin.

Dans le cas de réassouchement, interpeller le prévenu d'assister à l'opération, y porter les échantillons, les comparer, reconnaître et constater l'identité du délit, et mentionner le tout au rapport, ayant soin de faire connaître le nombre de rapports dressés dans le cours de l'année contre le délinquant.

Affirmer le rapport au plus tard le lendemain de sa date, par-devant le juge de paix du canton ou un de ses suppléants, ou par-devant le maire ou l'adjoint, soit de la commune de la résidence du garde, soit de celle où le délit a été commis ou constaté.

Faire enregistrer dans les quatre jours de l'affirmation.

L'adresser au propriétaire aussitôt qu'il aura été enregistré.

L'an mil huit cent   le
du mois de   à   heures du
nous soussigné

Garde forestier demeurant à
arrondissement de   assermenté
conformément à la loi, avons trouvé
dans le cours de notre visite et dans le
bois appelé   situé sur le terri-
toire de la commune de
appartenant à M.   domicilié
à   , et dans   âgé de
          ans

Duquel délit nous avons déclaré

     procès-verbal,

à   *les an, mois et jour que*

d'autre part.

Par-devant nous

    comparu le sieur

     Garde forestier

dénommé au rapport qui précède,

le quel , après que lecture l en a été

faite par nous, l affirmé par ser-

ment sincère et véritable ; lequel ser-

ment nous avons reçu, et signé avec

nous le présent acte

A   *le*   *mil huit cent*

à *heure du*

Enregistré à

Reçu

le

18 .

le

18 .

Le Receveur,

FORÊT

de
___

SÉRIE

de
___

DIVISION

N°
═══

Exercice 18 .

—•◦•—

PROCÈS-VERBAL DE MARTELAGE

ET DE RÉCOLEMENT

—⸎—

Le

les soussignés

se sont rendus dans la forêt de
commune de   série n°
division n°   d'une surface de

Ils ont marqué du marteau
les arbres réservés comme suit :
  Baliveaux de l'âge : *à la patte*.....
  Modernes : *à la patte, sur deux*
miroirs à côté l'un de l'autre..........
  Anciens et vieilles écorces : *sur*
une racine..........

NOTA. — Indiquer à la suite, s'il y a lieu, les autres martelages exécutés dans la coupe.

T. S. V. P.

NATURE DES RÉSERVES		CIRCONFÉRENCE A					
		0	60	80	100	120	140
							ARBRES
BALIVEAUX	Chênes. . . . Hêtres . . . . Charmes. . . Bouleaux . . Fruitiers.						
MODERNES	Chênes. . . . Hêtres						
ANCIENS	Chênes. . . . Hêtres						
						ARBRES ABANDONNÉS	
	Chênes. . . . Hêtres . . . . Charmes. . . Bouleaux.						
							RÉCOLE
BALIVEAUX	Chênes. . . . Hêtres . . . . Charmes. . . Bouleaux.						
MODERNES	Chênes. . . . Hêtres						
ANCIENS	Chênes. . . . Hêtres						

1 MÈTRE 33 DE HAUTEUR								TOTAL	
160	180	200	220	240	260	280	300	partiel	général
RÉSERVÉS									
A L'EXPLOITATION									
MENT									

T. S. V. P.

OBSERVATIONS

Clos à   le   18   .

II

TABLES DE CUBAGE

NOTA. — On cherche d'abord la classe du tarif correspondante à celle de la coupe dont il s'agit de faire l'estimation.

Les chiffres de la colonne des cubes en regard des circonférences à 1^m33 de hauteur indiquent le volume d'un arbre de chaque grosseur.

TARIFS POUR L'ESTIMATION DES CHÊNES SUR PIED, EN GRUME

Circonfé-rence à 1ᵐ33 de hauteur	Circonfé-rence moyenne	1ʳᵉ classe		2ᵉ classe		3ᵉ classe	
		Hauteur	Cube	Hauteur	Cube	Hauteur	Cube
1	2	3	4	5	6	7	8
0ᵐ20	0ᵐ18	5ᵐ	0ᵐ012	4ᵐ	0ᵐ010	4ᵐ	0ᵐ010
0 40	0 36	5	0 052	4	0 042	4	0 042
0 60	0 54	5	0 116	4	0 094	4	0 094
0 80	0 72	8	0 332	6	0 248	5	0 208
1 »	0 90	10	0 648	8	0 518	6	0 388
1 20	1 08	10	0 934	8	0 746	6	0 560
1 40	1 26	10	1 272	8	1 018	6	0 764
1 60	1 44	10	1 658	8	1 328	6	0 996
1 80	1 62	10	2 100	8	1 680	6	1 260
2 »	1 80	10	2 592	8	2 074	6	1 556
2 20	1 98	10	3 116	8	2 492	6	1 870
2 40	2 16	10	3 732	8	2 986	6	2 240
2 60	2 34	10	4 380	8	3 504	6	2 628
2 80	2 52	10	5 080	8	4 064	6	3 048
3 »	2 70	10	5 832	8	4 666	6	3 50:)

Les houpiers ou branchages donnent par mètre cube, savoir :

Stères empilés, de un à un et demi.

Fagots, de trois à six (usage du tarif, pages 36 et 37).

NOTA. — On cherche d'abord la classe du tarif correspon
dante à celle de la coupe dont il s'agit de faire l'estimation.

Les chiffres de la colonne des cubes en regard des circonférences à 1^{m}33 de hauteur indiquent le volume d'un arbre
de chaque grosseur.

TARIFS POUR L'ESTIMATION DES SAPINS SUR PIED, EN GRUME

Circonférence à 1m33 de hauteur	Circonférence moyenne	1re classe		2e classe		3e classe	
		Hauteur	Cube	Hauteur	Cube	Hauteur	Cube
1	2	3	4	5	6	7	8
0m60	0m516	12m	0m257	10m	0m213	8m	0m170
0 80	0 672	12	0 434	10	0 361	8	0 289
1 »	0 820	14	0 753	12	0 646	10	0 538
1 20	0 960	16	1 180	14	1 032	12	0 885
1 40	1 092	20	1 908	16	1 526	14	1 336
1 60	1 232	22	2 671	20	2 428	16	1 943
1 80	1 368	24	3 593	20	2 944	16	2 396
2 »	1 500	24	4 320	20	3 600	16	2 880
2 20	1 628	24	5 088	20	4 240	16	3 392
2 40	1 752	24	5 894	20	4 912	16	3 930
2 60	1 872	24	6 728	20	5 606	16	4 485
2 80	2 016	24	7 805	20	6 503	16	5 202
3 »	2 130	24	8 711	20	7 259	16	5 807
3 20	2 272	24	9 911	20	8 259	16	6 607
3 40	2 380	24	10 876	20	9 063	16	7 250

Les houpiers ou branchages donnent par mètre cube, savoir :

Stères empilés, de un cinquième à un demi.

Fagots, de un demi à un (usage du tarif, pages 36 et 37).

Nota. — On cherche d'abord dans la colonne des équarrissages les dimensions mesurées au milieu de la pièce abattue qu'il s'agit de cuber.

Le chiffre en regard de ces dimensions donne le cube pour 1^m de longueur.

On multiplie ce chiffre par la longueur de l'arbre, et le produit indique le volume de l'arbre.

Lorsqu'on a plusieurs arbres de même équarrissage au milieu, on peut additionner toutes les longueurs pour n'avoir à faire qu'une multiplication.

TABLE DE CUBAGE OU COMPTES FAITS POUR DES TRONCS D'ARBRES ABATTUS, D'UN MÈTRE DE LONGUEUR ET DONT LES COTÉS DE L'ÉQUARRISSAGE SONT DÉTERMINÉS.

Equarrissage en centimètres		Cube	Equarrissage en centimètres		Cube	Equarrissage en centimètres		Cube
8 à 8		0ᵐ0064	24 à 25		0ᵐ0600	41 à 41		0ᵐ1681
8	9	0 0072	25	25	0 0625	41	42	0 1722
9	9	0 0081	25	26	0 0650	42	42	0 1764
9	10	0 0090	26	26	0 0676	42	43	0 1806
10	10	0 0100	26	27	0 0702			
10	11	0 0110	27	27	0 0729	43	43	0 1849
11	11	0 0121	27	28	0 0756	43	44	0 1892
11	12	0 0132				44	44	0 1936
12	12	0 0144	28	28	0 0784	44	45	0 1980
12	13	0 0156	28	29	0 0812	45	45	0 2025
			29	29	0 0841	45	46	0 2070
13	13	0 0169	29	30	0 0870	46	46	0 2116
13	14	0 0182	30	30	0 0900	46	47	0 2162
14	14	0 0196	30	31	0 0930	47	47	0 2209
14	15	0 0210	31	31	0 0961	47	48	0 2256
15	15	0 0225	31	32	0 0992			
15	16	0 0240	32	32	0 1024	48	48	0 2304
16	16	0 0256	32	33	0 1056	48	49	0 2352
16	17	0 0272				49	49	0 2401
17	17	0 0289	33	33	0 1089	49	50	0 2450
17	18	0 0306	33	34	0 1122	50	50	0 2500
			34	34	0 1156	50	51	0 2550
18	18	0 0324	34	35	0 1190	51	51	0 2601
18	19	0 0342	35	35	0 1225	51	52	0 2652
19	19	0 0361	35	36	0 1260	52	52	0 2704
19	20	0 0380	36	36	0 1296	52	53	0 2756
20	20	0 0400	36	37	0 1332			
20	21	0 0420	37	37	0 1369	53	53	0 2809
21	21	0 0441	37	38	0 1406	53	54	0 2862
21	22	0 0462				54	54	0 2916
22	22	0 0484	38	38	0 1444	54	55	0 2970
22	23	0 0506	38	39	0 1482	55	55	0 3025
			39	39	0 1521	55	56	0 3080
23	23	0 0529	39	40	0 1560	56	56	0 3136
23	24	0 0552	40	40	0 1600	56	57	0 3192
24	24	0 0576	40	41	0 1640	57	57	0 3249

Equarrissage en centimètres		Cube	Equarrissage en centimètres		Cube	Equarrissage en centimètres		Cube
57 à 58		0ᵐ3306	63 à 64		0ᵐ4032	70 à 70		0ᵐ4900
			64	64	0 4096	70	71	0 4970
58	58	0 3364	64	65	0 4160	71	71	0 5041
58	59	0 3422	65	65	0 4225	71	72	0 5112
59	59	0 3481	65	66	0 4290	72	72	0 5184
59	60	0 3540	66	66	0 4356	72	73	0 5256
60	60	0 3600	66	67	0 4422			
60	61	0 3660	67	67	0 4489	73	73	0 5329
61	61	0 3721	67	68	0 4556	73	74	0 5402
61	62	0 3782				74	74	0 5476
62	62	0 3844	68	68	0 4624	74	75	0 5550
62	63	0 3906	68	69	0 4692	75	75	0 5625
			69	69	0 4761			
63	63	0 3969	69	70	0 4830			

NOTE RELATIVE A LA TABLE SUIVANTE

Nota. — Pour se servir de la table ci-contre, on cherche d'abord dans la colonne des circonférences moyennes celle de la pièce de bois abattue qu'il s'agit de cuber.

On multiplie par la longueur de la pièce le chiffre de la colonne des cubes en regard de la circonférence moyenne, et le produit indique le cube cherché.

Lorsqu'on a plusieurs arbres de même circonférence moyenne, on peut additionner les longueurs pour n'avoir à faire qu'une multiplication.

TABLE DE CUBAGE OU COMPTES FAITS POUR DES TRONCS
D'ARBRES ABATTUS, D'UN MÈTRE DE LONGUEUR ET DONT LA
CIRCONFÉRENCE MOYENNE EST DÉTERMINÉE.

Circonférence moyenne	VOLUME			
	au 5ᵉ déduit	au 6ᵉ déduit	au 1/4 sans déduction	en grume
0ᵐ20	0ᵐ002	0ᵐ002	0ᵐ003	0ᵐ003
0 30	0 004	0 004	0 006	0 007
0 40	0 006	0 007	0 010	0 012
0 50	0 010	0 011	0 016	0 020
0 60	0 014	0 016	0 022	0 028
0 70	0 020	0 021	0 031	0 040
0 80	0 026	0 028	0 040	0 052
0 90	0 032	0 035	0 051	0 064
1 »	0 040	0 043	0 062	0 080
1 10	0 048	0 053	0 076	0 096
1 20	0 058	0 063	0 090	0 116
1 30	0 068	0 073	0 106	0 136
1 40	0 078	0 085	0 122	0 156
1 50	0 090	0 098	0 141	0 180
1 60	0 102	0 111	0 160	0 204
1 70	0 116	0 125	0 181	0 230
1 80	0 130	0 140	0 202	0 258
1 90	0 144	0 157	0 226	0 287
2 »	0 160	0 174	0 250	0 318
2 10	0 176	0 191	0 276	0 350
2 20	0 194	0 210	0 302	0 385
2 30	0 212	0 230	0 331	0 421
2 40	0 230	0 250	0 360	0 458
2 50	0 250	0 271	0 391	0 496
2 60	0 270	0 293	0 422	0 538
2 70	0 292	0 316	0 456	0 580
2 80	0 314	0 340	0 490	0 624
2 90	0 336	0 365	0 526	0 669
3 »	0 360	0 390	0 562	0 716

Nota. — On cherche d'abord la colonne du tarif en tête de laquelle est indiquée la circonférence, mesurée au milieu de la pièce qu'il s'agit de cuber.

Le chiffre en regard de cette longueur indique le cube de la pièce.

Quand la longueur de la pièce à cuber dépasse celles du tarif ou lorsqu'elle est fractionnaire, on opère comme dans l'exemple suivant.

On veut avoir le cube d'une pièce de bois ayant 31^{m}60 de longueur et mesurant au milieu 0^{m}80 de circonférence sur l'écorce :

		m. c. grume
Cube pour 30^m de longueur		1.536
Id. id. 1^m id.		0.051
Id. id. 0^{m}60 id. (on prend le cube en regard de la longueur de 6^m, et on avance la virgule d'un rang vers la gauche).		0.031
La pièce cube. . . .		1.618

Remarque. Le volume en grume, donné par le tarif ci-contre, étant représenté par l'unité, le volume au 1/4 sans déduction est :   0.785 (1)

—	1/5 déduit	—		0.509
—	1/6 —	—		0.546
—	1/12 —	—		0.660

Le cube grume étant connu, pour avoir le cube à l'un des modes indiqués, il suffit de multiplier le cube grume par le facteur correspondant à ce mode. Par exemple, une coupe, volume grume, de 900 m. c., donnerait au 1/4 sans déduction 900×0.785   706.5

—	1/5 déduit	900×0.509	458.1
—	1/6 —	900×0.546	491.4
—	1/12 —	900×0.660	594.0

(1) Voir page 33.

TARIF POUR LE CUBAGE EN GRUME & RONDS DES ARBRES ABATTUS

$$(V = 0,08\ c^2 h)$$

§ 73

LONGUEUR	CIRCONFÉR. 0m30	CIRCONFÉR. 0m32	CIRCONFÉR. 0m34	CIRCONFÉR. 0m36	LONGUEUR
Mètres					Mètres
1	0,007	0,008	0,009	0,010	1
2	0,014	0,016	0,018	0,021	2
3	0,022	0,025	0,028	0,031	3
4	0,029	0,033	0,037	0,041	4
5	0,036	0,041	0,046	0,052	5
6	0,043	0,049	0,055	0,062	6
7	0,050	0,057	0,065	0,073	7
8	0,057	0,066	0,074	0,083	8
9	0,065	0,074	0,083	0,093	9
10	0,072	0,082	0,092	0,104	10
11	0,079	0,090	0,102	0,114	11
12	0,086	0,098	0,111	0,124	12
13	0,094	0,106	0,120	0,135	13
14	0,101	0,115	0,129	0,145	14
15	0,108	0,123	0,139	0,155	15
16	0,115	0,131	0,148	0,166	16
17	0,122	0,139	0,157	0,176	17
18	0,130	0,147	0,166	0,187	18
19	0,137	0,156	0,176	0,197	19
20	0,144	0,164	0,185	0,207	20
21	0,151	0,172	0,194	0,218	21
22	0,158	0,180	0,203	0,228	22
23	0,166	0,188	0,213	0,238	23
24	0,173	0,196	0,222	0,250	24
25	0,180	0,205	0,231	0,260	25
26	0,187	0,213	0,240	0,270	26
27	0,194	0,221	0,249	0,280	27
28	0,202	0,229	0,259	0,290	28
29	0,209	0,237	0,268	0,301	29
30	0,216	0,246	0,277	0,311	30

LONGUEUR	CIRCONFÉR. 0ᵐ38	CIRCONFÉR. 0ᵐ40	CIRCONFÉR. 0ᵐ42	CIRCONFÉR 0ᵐ44	LONGUEUR
Mètres					Mètres
1	0,012	0,013	0,014	0,015	1
2	0,023	0,026	0,028	0,031	2
3	0,035	0,038	0,042	0,046	3
4	0,046	0,051	0,056	0,062	4
5	0,058	0,064	0,071	0,077	5
6	0,069	0.077	0,085	0,093	6
7	0,081	0,090	0,099	0,108	7
8	0,092	0,102	0,113	0,124	8
9	0,104	0,115	0,127	0,139	9
10	0,116	0,128	0,141	0,155	10
11	0,127	0,141	0,155	0,170	11
12	0,139	0,154	0,169	0,186	12
13	0,150	0,166	0,183	0,201	13
14	0,162	0,179	0,197	0,216	14
15	0,173	0,192	0,212	0,232	15
16	0,185	0,205	0,226	0,247	16
17	0,196	0,218	0,240	0,263	17
18	0,208	0,230	0,254	0,278	18
19	0,219	0,243	0,268	0,293	19
20	0,231	0,256	0,282	0,310	20
21	0,243	0,269	0,296	0,325	21
22	0,254	0,282	0,310	0,341	22
23	0,266	0,294	0,324	0,356	23
24	0,277	0,307	0,339	0,372	24
25	0,289	0,320	0,353	0,387	25
26	0,300	0,333	0,367	0,403	26
27	0,312	0,346	0,381	0,418	27
28	0,323	0,358	0,395	0,434	28
29	0,335	0,371	0,409	0,449	29
30	0,347	0,384	0,423	0,465	30

LONGUEUR	CIRCONFÉR. 0^m46	CIRCONFÉR. 0^m48	CIRCONFÉR. 0^m50	CIRCONFÉR. 0^m52	LONGUEUR
Mé res					Mètres
1	0,017	0,018	0,020	0,022	1
2	0,034	0,037	0,040	0,043	2
3	0,051	0,055	0,060	0,065	3
4	0,068	0,074	0,080	0,086	4
5	0,085	0,092	0,100	0,108	5
6	0,102	0,110	0,120	0,130	6
7	0,118	0,129	0,140	0,151	7
8	0,135	0,147	0,160	0,173	8
9	0,152	0,166	0,180	0,195	9
10	0,169	0,184	0,200	0,216	10
11	0,186	0,202	0,220	0,238	11
12	0,203	0,221	0,240	0,260	12
13	0,220	0,240	0,260	0,281	13
14	0,237	0,258	0,280	0,303	14
15	0,254	0,276	0,300	0,324	15
16	0,271	0,295	0,320	0,346	16
17	0,287	0,313	0,340	0,368	17
18	0,304	0,342	0,360	0,389	18
19	0,321	0,350	0,380	0,411	19
20	0,338	0,368	0,400	0,433	20
21	0,355	0,387	0,420	0,454	21
22	0,372	0,405	0,440	0,476	22
23	0,389	0,424	0,460	0,498	23
24	0,406	0,442	0,480	0,519	24
25	0,423	0,461	0,500	0,541	25
26	0,440	0,479	0,520	0,563	26
27	0,457	0,498	0,540	0,584	27
28	0,473	0,516	0,560	0,606	28
29	0,490	0,534	0,580	0,628	29
30	0,508	0,552	0,600	0,649	30

LONGUEUR	CIRCONFÉR. 0m54	CIRCONFÉR. 0m56	CIRCONFÉR. 0m58	CIRCONFÉR. 0m60	LONGUEUR
Mètres					Mètres
1	0,023	0,025	0,027	0,029	1
2	0,047	0,050	0,054	0,058	2
3	0,070	0,075	0,081	0,086	3
4	0,093	0,100	0,108	0,115	4
5	0,117	0,125	0,135	0,144	5
6	0,140	0,151	0,162	0,173	6
7	0,163	0,176	0,189	0,202	7
8	0,186	0,201	0,215	0,230	8
9	0,210	0,226	0,242	0,259	9
10	0,233	0,251	0,269	0,288	10
11	0,256	0,276	0,296	0,317	11
12	0,280	0,301	0,323	0,346	12
13	0,303	0,326	0,350	0,374	13
14	0,326	0,351	0,377	0,403	14
15	0,350	0,376	0,404	0,432	15
16	0,373	0,401	0,431	0,461	16
17	0,396	0,426	0,457	0,490	17
18	0,420	0,451	0,484	0,518	18
19	0,443	0,476	0,511	0,547	19
20	0,466	0,502	0,538	0,576	20
21	0,490	0,527	0,565	0,605	21
22	0,513	0,552	0,592	0,634	22
23	0,536	0,577	0,619	0,662	23
24	0,559	0,602	0,646	0,691	24
25	0,583	0,627	0,673	0,720	25
26	0,606	0,652	0,700	0,749	26
27	0,629	0,677	0,727	0,778	27
28	0,652	0,702	0,753	0,806	28
29	0,676	0,727	0,780	0,835	29
30	0,700	0,753	0,807	0,864	30

LONGUEUR	CIRCONFÉR. 0m62	CIRCONFÉR. 0m64	CIRCONFÉR. 0m66	CIRCONFÉR. 0m68	LONGUEUR
Mètres					Mètres
1	0,031	0,033	0,035	0,037	1
2	0,062	0,066	0,070	0,074	2
3	0,093	0,098	0,105	0,111	3
4	0,124	0,131	0,139	0,148	4
5	0,154	0,164	0,174	0,185	5
6	0,184	0,197	0,209	0,222	6
7	0,215	0,228	0,244	0,259	7
8	0,246	0,262	0,279	0,296	8
9	0,277	0,295	0,314	0,332	9
10	0,308	0,328	0,348	0,370	10
11	0,338	0,360	0,383	0,407	11
12	0,369	0,392	0,418	0,444	12
13	0,400	0,426	0,453	0,481	13
14	0,431	0,459	0,488	0,518	14
15	0,461	0,492	0,523	0,555	15
16	0,492	0,524	0,558	0,592	16
17	0,523	0,557	0,592	0,629	17
18	0,554	0,590	0,627	0,666	18
19	0,584	0,623	0,662	0,703	19
20	0,615	0,655	0,697	0,740	20
21	0,646	0,688	0,732	0,777	21
22	0,677	0,721	0,767	0,814	22
23	0,707	0,754	0,802	0,851	23
24	0,738	0,786	0,837	0,888	24
25	0,769	0,819	0,872	0,925	25
26	0,800	0,852	0,907	0,962	26
27	0,830	0,885	0,942	0,999	27
28	0,861	0,918	0,976	1,036	28
29	0,892	0,950	1,011	1,073	29
30	0,923	0,983	1,045	1,110	30

LONGUEUR	CIRCONFÉR. 0m70	CIRCONFÉR. 0m72	CIRCONFÉR. 0m74	CIRCONFÉR. 0m76	LONGUEUR
Mètres					Mètres
1	0,039	0,041	0,044	0,046	1
2	0,078	0,083	0,088	0,092	2
3	0,118	0,124	0,131	0,139	3
4	0,157	0,166	0,175	0,185	4
5	0,196	0,207	0,219	0,231	5
6	0,235	0,248	0,263	0,277	6
7	0,274	0,290	0,307	0,323	7
8	0,314	0,331	0,350	0,370	8
9	0,353	0,373	0,394	0,416	9
10	0,392	0,415	0,438	0,462	10
11	0,431	0,456	0,482	0,508	11
12	0,470	0,498	0,526	0,554	12
13	0,510	0,539	0,569	0,601	13
14	0,549	0,581	0,613	0,647	14
15	0,588	0,622	0,657	0,693	15
16	0,627	0,664	0,701	0,739	16
17	0,666	0,705	0,744	0,785	17
18	0,705	0,746	0,788	0,832	18
19	0,744	0,788	0,832	0,878	19
20	0,784	0,829	0,876	0,924	20
21	0,823	0,871	0,920	0,970	21
22	9,862	0,912	0,964	1,016	22
23	0,901	0,954	1,007	1,062	23
24	0,940	0,995	1,051	1,109	24
25	0,980	1,037	1,095	1,155	25
26	1,019	1,078	1,139	1,201	26
27	1,058	1,120	1,183	1,247	27
28	1,097	1,161	1,227	1,294	28
29	1,137	1,203	1,271	1,340	29
30	1,176	1,244	1,314	1,386	30

LONGUEUR	CIRCONFÉR. 0m78	CIRCONFÉR. 0m80	CIRCONFÉR 0m82	CIRCONFÉR. 0m84	LONGUEUR
Mètres					Mètres
1	0,049	0,051	0,054	0,056	1
2	0,097	0,102	0,108	0,103	2
3	0,146	0,154	0,161	0,169	3
4	0,195	0,205	0,215	0,226	4
5	0,243	0,256	0,269	0,282	5
6	0,292	0,307	0,323	0,339	6
7	0,341	0,358	0,377	0,395	7
8	0,389	0,410	0,430	0,452	8
9	0,438	0,461	0,484	0,508	9
10	0,487	0,512	0,538	0,564	10
11	0,536	0,563	0,592	0,620	11
12	0,584	0,614	0,646	0,677	12
13	0,633	0,666	0,700	0,734	13
14	0,682	0,717	0,753	0,790	14
15	0,730	0,768	0,807	0,847	15
16	0,779	0,819	0,861	0,903	16
17	0,828	0,870	0,915	0,960	17
18	0,876	0,922	0,969	1,016	18
19	0,925	0,973	1,023	1,073	19
20	0,973	1,024	1,076	1,129	20
21	1,022	1,075	1,130	1,185	21
22	1,071	1,126	1,184	1,241	22
23	1,119	1,178	1,238	1,298	23
24	1,168	1,229	1,291	1,354	24
25	1,217	1,280	1,345	1,411	25
26	1,265	1,331	1,399	1,468	26
27	1,314	1,382	1,453	1,525	27
28	1,363	1,434	1,507	1,581	28
29	1,412	1,485	1,561	1,637	29
30	1,460	1,536	1,614	1,693	30

LONGUEUR	CIRCONFÉR. 0m86	CIRCONFÉR. 0m88	CIRCONFÉR. 0m90	CIRCONFÉR. 0m92	LONGUEUR
Mètres					Mètres
1	0,059	0,062	0,065	0,068	1
2	0,118	0,124	0,130	0,135	2
3	0,178	0,186	0,194	0,203	3
4	0,237	0,248	0,259	0,271	4
5	0,296	0,310	0,324	0,339	5
6	0,355	0,372	0,389	0,406	6
7	0,414	0,434	0,454	0,474	7
8	0,473	0,496	0,518	0,542	8
9	0,533	0,558	0,583	0,609	9
10	0,592	0,620	0,648	0,677	10
11	0,651	0,681	0,713	0,745	11
12	0,710	0,743	0,778	0,813	12
13	0,769	0,805	0,842	0,880	13
14	0,828	0,867	0,907	0,948	14
15	0,887	0,929	0,972	1,016	15
16	0,947	0,991	1,037	1,084	16
17	1,006	1,053	1,102	1,151	17
18	1,065	1,115	1,166	1,219	18
19	1,124	1,177	1,231	1,287	19
20	1,183	1,239	1,296	1,354	20
21	1,242	1,301	1,361	1,422	21
22	1,302	1,363	1,426	1,490	22
23	1,361	1,425	1,491	1,557	23
24	1,420	1,487	1,555	1,625	24
25	1,479	1,549	1,620	1,693	25
26	1,538	1,611	1,685	1,761	26
27	1,597	1,673	1,750	1,828	27
28	1,657	1,735	1,815	1,896	28
29	1,716	1,797	1,880	1,964	29
30	1,775	1,859	1,944	2,031	30

LONGUEUR	CIRCONFÉR. 0m94	CIRCONFÉR. 0m96	CIRCONFÉR. 0m98	CIRCONFÉR. 1m00	LONGUEUR
Mètres					Mètres
1	0,071	0,074	0,077	0,080	1
2	0,141	0,147	0,154	0,160	2
3	0,212	0,221	0,231	0,240	3
4	0,283	0,295	0,307	0,320	4
5	0,353	0,369	0,384	0,400	5
6	0,424	0,442	0,461	0,480	6
7	0,495	0,516	0,538	0,560	7
8	0,566	0,590	0,615	0,640	8
9	0,636	0,665	0,692	0,720	9
10	0,707	0,737	0,768	0,800	10
11	0,778	0,811	0,845	0,880	11
12	0,848	0,885	0,922	0,960	12
13	0,919	0,958	0,999	1,040	13
14	0,990	1,032	1,076	1,120	14
15	1,060	1,106	1,152	1,200	15
16	1,131	1,180	1,229	1,280	16
17	1,202	1 253	1,306	1,360	17
18	1,272	1,327	1,383	1,440	18
19	1,343	1,401	1,460	1,520	19
20	1,414	1,476	1,537	1,600	20
21	1,484	1,548	1,603	1,680	21
22	1,555	1,622	1,680	1,760	22
23	1,626	1,696	1,767	1,840	23
24	1,697	1,769	1,844	1,920	24
25	1,767	1,843	1,921	2,000	25
26	1,838	1,917	1,998	2,080	26
27	1,909	1,991	2,074	2,160	27
28	1,980	2,064	2,151	2,240	28
29	2,050	2,138	2,228	2,320	29
30	2,121	2,212	2,305	2,400	30

LONGUEUR	CIRCONFÉR. 1m02	CIRCONFÉR. 1m04	CIRCONFÉR. 1m06	CIRCONFÉR. 1m08	LONGUEUR
Mètres					Mètres
1	0,083	0,087	0,090	0,093	1
2	0,177	0,173	0,180	0,187	2
3	0,250	0,273	0,270	0,280	3
4	0,333	0,346	0,360	0,373	4
5	0,416	0,433	0,449	0,467	5
6	0,499	0,519	0,539	0,560	6
7	0,583	0,606	0,629	0,653	7
8	0,666	0,692	0,719	0,747	8
9	0,749	0,779	0,809	0,840	9
10	0,832	0,865	0,899	0,933	10
11	0,915	0,952	0,989	1,026	11
12	0,999	1,038	1,079	1,120	12
13	1,082	1,125	1,169	1,213	13
14	1,165	1,211	1,258	1,306	14
15	1,248	1,298	1,348	1,400	15
16	1,332	1,384	1,438	1,493	16
17	1,415	1,471	1,528	1,586	17
18	1,498	1,557	1,618	1,680	18
19	1,581	1,644	1,708	1,773	19
20	1,665	1,731	1,798	1,866	20
21	1,748	1,817	1,888	1,960	21
22	1,831	1,904	1,978	2,053	22
23	1,914	1,990	2,067	2,146	23
24	1,997	2,077	2,157	2,230	24
25	2,081	2,163	2,247	2,333	25
26	2,164	2,250	2,337	2,426	26
27	2,247	2,336	2,427	2,519	27
28	2,330	2,423	2,517	2,613	28
29	2,414	2,509	2,607	2,706	29
30	2,497	2,596	2,697	2,799	30

LONGUEUR	CIRCONFÉR. 1m10	CIRCONFÉR. 1m12	CIRCONFÉR. 1m14	CIRCONFÉR. 1m16	LONGUEUR
Mètres					Mètres
1	0,097	0,100	0,104	0,108	1
2	0,194	0,201	0,208	0,215	2
3	0,290	0,301	0,312	0,323	3
4	0,387	0,401	0,416	0,431	4
5	0,484	0,502	0,520	0,538	5
6	0,581	0,602	0,624	0,646	6
7	0,678	0,703	0,728	0,754	7
8	0,774	0,803	0,832	0,861	8
9	0,871	0,903	0,936	0,968	9
10	0,968	1,004	1,040	1,076	10
11	1,065	1,104	1,144	1,184	11
12	1,161	1,204	1,248	1,292	12
13	1,258	1,305	1,352	1,399	13
14	1,355	1,405	1,456	1,507	14
15	1,442	1,505	1,560	1,615	15
16	1,549	1,606	1,663	1,723	16
17	1,646	1,706	1,767	1,830	17
18	1,742	1,806	1,871	2,938	18
19	1,839	1,907	1,975	2,046	19
20	1,936	2,007	2,079	2,153	20
21	2,033	2,107	2,183	2,261	21
22	2,130	2,208	2,287	2,369	22
23	2,227	2,308	2,391	2,476	23
24	2,324	2,408	2,495	2,584	24
25	2,420	2,509	2,599	2,691	25
26	2,517	2,609	2,703	2,799	26
27	2,614	2,709	2,807	2,907	27
28	2,710	2,810	2,911	3,014	28
29	2,807	2,910	3,015	3,122	29
30	2,904	3,011	3,119	3,229	30

LONGUEUR	CIRCONFÉR. 1m18	CIRCONFÉR. 1m20	CIRCONFÉR. 1m22	CIRCONFÉR. 1m24	LONGUEUR
Mètres					Mètres
1	0,111	0,115	0,119	0,123	1
2	0,224	0,230	0,238	0,246	2
3	0,334	0,346	0,357	0,369	3
4	0,446	0,461	0,476	0,492	4
5	0,557	0,576	0,595	0,615	5
6	0,668	0,691	0,714	0,738	6
7	0,770	0,806	0,834	0,861	7
8	0,891	0,922	0,953	0,984	8
9	0,903	1,037	1,072	1,107	9
10	1,114	1,152	1,191	1,230	10
11	1,225	1,2.7	1,310	1,353	11
12	1,337	1,382	1,429	1,476	12
13	1,448	1,498	1,548	1,599	13
14	1,560	1,613	1,667	1,722	14
15	1,671	1,728	1,786	1,`45	15
16	1,783	1,843	1,905	1,968	16
17	1,894	1,958	2,024	2,091	17
18	2,005	2,071	2,143	2,214	18
19	2,116	2,189	2,262	2,337	19
20	2,228	2,304	2,381	2,460	20
21	2,339	2,419	2,500	2,583	21
22	2,450	2,534	2,620	2,706	22
23	2,562	2,650	2,739	2,829	23
24	2,673	2,765	2,858	2,952	24
25	2,785	2,880	2,977	3,075	25
26	2,896	2,995	3,096	3,198	26
27	3,007	3,110	3,215	3,221	27
28	3,119	3,226	3,334	3,444	28
29	3,230	3,341	3,453	3,567	29
30	3,342	3,456	3,572	3,690	30

LONGUEUR	CIRCONFÉR. 1m26	CIRCONFÉR. 1m28	CIRCONPÉR. 1m30	CIRCONFÉR. 1m32	LONGUEUR
Mètres					Mètres
1	0,127	0,131	0,135	0,139	1
2	0,254	0,262	0,270	0,279	2
3	0,381	0,393	0,406	0,418	3
4	0,508	0,524	0,541	0,558	4
5	0,635	0,655	0,676	0,697	5
6	0,762	0,786	0,811	0,836	6
7	0,889	0,918	0,946	0,976	7
8	1,016	1,049	1,082	1,115	8
9	1,143	1,180	1,217	1,254	9
10	1,270	1,311	1,352	1,394	10
11	1,397	1,442	1,487	1,533	11
12	1,524	1,573	1,622	1,672	12
13	1,651	1,704	1,758	1,812	13
14	1,778	1,835	1,893	1,951	14
15	1,905	1,966	2,028	2,090	15
16	2,032	2,097	2,163	2,230	16
17	2,159	2,228	2,298	2,369	17
18	2,286	2,359	2,434	2,508	18
19	2,413	2,490	2,569	2,648	19
20	2,540	2,621	2,704	2,788	20
21	2,667	2,752	2,839	2,927	21
22	2,794	2,884	2,974	3,067	22
23	2,921	3,015	3,110	3,206	23
24	3,048	3,146	3,245	3,345	24
25	3,175	3,277	3,380	3,485	25
26	3,302	3,408	3,515	3,624	26
27	3,429	3,539	3,650	3,764	27
28	3,556	3,670	3,786	3,903	28
29	3,683	3,801	3,921	4,042	29
30	3,810	3,932	4,056	4,182	30

LONGUEUR	CIRCONFÉR. 1m34	CIRCONFÉR. 1m36	CIRCONFÉR. 1m38	CIRCONFÉR. 1m40	LONGUEUR
Mètres					Mètres
1	0,144	0,148	0,152	0,157	1
2	0,287	0,296	0,305	0,314	2
3	0,421	0,444	0,457	0,470	3
4	0,575	0,592	0,609	0,627	4
5	0,718	0,740	0,762	0,784	5
6	0,862	0,888	0,914	0,941	6
7	1,006	1,036	1,967	1,098	7
8	1,149	1,184	1,219	1,254	8
9	1,293	1,332	1,371	1,411	9
10	1,436	1,480	1,524	1,568	10
11	1,580	1,628	1,676	1,725	11
12	1,724	1,776	1,828	1,882	12
13	1,867	1,924	1,981	2,039	13
14	2,011	2,072	2,133	2,195	14
15	2,155	2,220	2,285	2,352	15
16	2,298	2,367	2,437	2,509	16
17	2,442	2,515	2,590	2,666	17
18	2,586	2,663	2,742	2,823	18
19	2,729	2,811	2,894	2,980	19
20	2,873	2,959	3,047	3,136	20
21	3,017	3,107	3,199	3,293	21
22	3,160	3,255	3,351	3,450	22
23	3,304	3,403	3,504	3,607	23
24	3,448	3,551	3,656	3,764	24
25	3,591	3,699	3,809	3,920	25
26	3,735	3,847	3,961	4,077	26
27	3,878	3,995	4,114	4,234	27
28	4,022	4,143	4,266	4,391	28
29	4,166	4,291	4,418	4,548	29
30	4,309	4,439	4,571	4,704	30

LONGUEUR	CIRCONFÉR. 1m42	CIRCONFÉR. 1m44	CIRCONFÉR. 1m46	CIRCONFÉR. 1m48	LONGUEUR
Mètres					Mètres
1	0,161	0,166	0,171	0,175	1
2	0,323	0,332	0,341	0,351	2
3	0,484	0,498	0,512	0,526	3
4	0,645	0,664	0,682	0,701	4
5	0,807	0,829	0,853	0,876	5
6	0,968	0,995	1,023	1,051	6
7	1,129	1,161	1,194	1,227	7
8	1,291	1,327	1,364	1,392	8
9	1,452	1,493	1,535	1,567	9
10	1,613	1,659	1,705	1,752	10
11	1,775	1,825	1,876	1,927	11
12	1,936	1,991	2,046	2,103	12
13	2,097	2,157	2,217	2,278	13
14	2,259	2,322	2,387	2,453	14
15	2,420	2,488	2,558	2,628	15
16	2,581	2,654	2,728	2,804	16
17	2,743	2,820	2,899	2,979	17
18	2,904	2,986	3,070	3,154	18
19	3,065	3,152	3,240	3,329	19
20	3,226	3,318	3,411	3,504	20
21	3,888	3,484	3,581	3,680	21
22	3,549	3,650	3,752	3,855	22
23	3,710	3,815	3,922	4,030	23
24	3,872	3,981	4,093	4,205	24
25	4,033	4,147	4,263	4,381	25
26	4,194	4,313	4,434	4,556	26
27	4,355	4,479	4,604	4,731	27
28	4,517	4,645	4,775	4,906	28
29	4,678	4,811	4,945	5,082	29
30	4,839	4,977	5,116	5,257	30

LONGUEUR	CIRCONFÉR. 1m50	CIRCONFÉR. 1m52	CIRCONFÉR. 1m54	CIRCONFÉR. 1m56	LONGUEUR
Mètres					Mètres
1	0,180	0,185	0,190	0,195	1
2	0,360	0,370	0,380	0,389	2
3	0,540	0,555	0,569	0,584	3
4	0,720	0,739	0,759	0,779	4
5	0,900	0,924	0,949	0,973	5
6	1,080	1,109	1,138	1,168	6
7	1,260	1,294	1,328	1,363	7
8	1,440	1,478	1,518	1,558	8
9	1,620	1,663	1,608	1,752	9
10	1,800	1,848	1,897	1,947	10
11	1,980	2,033	2,087	2,142	11
12	2,160	2,217	2,277	2,337	12
13	2,340	2,402	2,467	2,531	13
14	2,520	2,587	2,656	2,726	14
15	2,700	2,772	2,846	2,921	15
16	2,880	2,957	3,036	3,116	16
17	3,060	3,142	3,226	3,310	17
18	3,240	3,327	3,415	3,504	18
19	3,420	3,512	3,605	3,699	19
20	3,600	3,697	3,795	3,894	20
21	3,780	3,881	3,985	4,088	21
22	3,960	4,066	4,174	4,283	22
23	4,140	4,251	4,364	4,478	23
24	4,320	4,436	4,554	4,673	24
25	4,500	4,621	4,743	4,867	25
26	4,680	4,806	4,933	5,062	26
27	4,760	4,990	5,123	5,257	27
28	5,040	5,175	5,312	5,451	28
29	5,220	5,360	5,502	5,646	29
30	5,400	5,545	5,692	5,841	30

LONGUEUR	CIRCONFÉR. 1m58	CIRCONFÉR. 1m60	CIRCONFÉR. 1m62	CIRCONFÉR. 1m64	LONGUEUR
Mètres					Mètres
1	0,200	0,205	0,210	0,215	1
2	0,399	0,410	0,420	0,430	2
3	0,599	0,614	0,630	0,646	3
4	0,799	0,819	0,840	0,861	4
5	0,999	1,024	1,050	1,076	5
6	1,198	1,229	1,260	1,291	6
7	1,398	1,434	1,470	1,506	7
8	1,598	1,638	1,680	1,721	8
9	1,897	1,843	1,890	1,936	9
10	1,997	2,048	2,100	2,152	10
11	2,197	2,253	2,309	2,367	11
12	2,397	2,458	2,519	2,582	12
13	2,596	2,663	2,729	2,797	13
14	2,796	2,867	2,939	3,012	14
15	2,996	3,072	3,149	3,228	15
16	3,195	3,277	3,359	3,443	16
17	3,395	3,482	3,569	3,658	17
18	3,595	3,687	3,779	3,873	18
19	3,795	3,892	3,989	4,088	19
20	3,994	4,096	4,199	4,303	20
21	4,194	4,301	4,409	4,519	21
22	4,394	4,506	4,619	4,734	22
23	4,594	4,711	4,829	4,949	23
24	4,793	4,916	5,039	5,164	24
25	4,993	5,120	5,249	5,379	25
26	5,193	5,325	5,459	5,594	26
27	5,392	5,530	5,669	5,810	27
28	5,592	5,734	5,879	6,025	28
29	5,792	5,939	6,089	6,240	29
30	5,991	6,144	6,299	6,455	30

LONGUEUR	CIRCONFÉR. 1m66	CIRCONFÉR. 1m68	CIRCONFÉR. 1m70	CIRCONFÉR. 1m72	LONGUEUR
Mètres					Mètres
1	0,220	0,226	0,231	0,237	1
2	0,441	0,452	0,462	0,473	2
3	0,661	0,677	0,694	0,710	3
4	0,882	0,903	0,925	0,947	4
5	1,102	1,129	1,156	1,183	5
6	1,323	1,355	1,387	1,420	6
7	1,543	1,579	1,618	1,657	7
8	1,764	1,806	1,850	1,893	8
9	1,984	2,031	2,081	2,130	9
10	2,204	2,258	2,312	2,367	10
11	2,425	2,484	2,543	2,603	11
12	2,645	2,710	2,774	2,840	12
13	2,855	2,935	3,005	3,077	13
14	3,086	3,161	3,236	3,313	14
15	3,307	3,387	3,468	3,550	15
16	3,527	3,613	3,699	3,787	16
17	3,748	3,839	3,930	4,023	17
18	3,968	4,064	4,161	4,260	18
19	4,189	4,290	4,392	4,497	19
20	4,409	4,516	4,624	4,733	20
21	4,629	4,742	4,855	4,970	21
22	4,850	4,967	5,086	5,207	22
23	5,070	5,193	5,317	5,443	23
24	5,290	5,419	5,449	5.680	24
25	5,511	5,645	5,780	5,917	25
26	5,731	5,871	6,011	6,153	26
27	5,952	6,096	6,242	6,390	27
28	6,173	6,322	6,474	6,627	28
29	6,393	6,548	6,705	6,863	29
30	6,613	6,774	6,936	7,100	30

LONGUEUR	CIRCONFÉR. 1m74	CIRCONFÉR. 1m76	CIRCONFÉR. 1m78	CIRCONFÉR. 1m80	LONGUEUR
Mètres					Mètres
1	0,242	0,248	0,253	0,259	1
2	0,484	0,496	0,507	0,518	2
3	0,727	0,743	0,760	0,778	3
4	0,969	0,991	1,014	1,037	4
5	1,211	1,239	1,267	1,296	5
6	1,453	1,487	1,521	1,535	6
7	1,696	1,735	1,774	1,814	7
8	1,938	1,982	2,028	2,074	8
9	2,180	2,230	2,281	2,333	9
10	2,422	2,478	2,535	2,592	10
11	2,664	2,726	2,788	2,851	11
12	2,907	2,974	3,042	3,110	12
13	3,149	3,221	3,295	3,370	13
14	3,391	3,469	3,549	3,629	14
15	3,633	3,717	3,802	3,888	15
16	3,875	3,965	4,056	4,147	16
17	4,118	4,213	4,309	4,406	17
18	4,360	4,460	4,563	4,666	18
19	4,602	4,708	4,816	4,925	19
20	4,844	4,956	5,069	5,184	20
21	5,086	5,204	5,323	5,443	21
22	5,329	5,452	5,576	5,702	22
23	5,571	5,699	5,830	5,962	23
24	5,813	5,947	6,083	6,221	24
25	6,055	6,195	6,337	6,480	25
26	6,297	6,443	6,590	6,739	26
27	6,540	6,691	6,844	6,998	27
28	6,782	6,938	7,097	7,258	28
29	7,024	7,186	7,351	7,517	29
30	7,266	7,434	7,604	7,776	30

LONGUEUR	CIRCONFÉR. 1m82	CIRCONFÉR. 1m84	CIRCONFÉR. 1m86	CIRCONFÉR. 1m88	LONGUEUR
Mètres					Mètres
1	0,265	0,271	0,277	0,283	1
2	0,530	0,542	0,553	0,566	2
3	0,795	0,813	0,830	0,848	3
4	1,060	1,084	1,107	1,131	4
5	1,325	1,354	1,384	1,414	5
6	1,590	1,625	1,661	1,697	6
7	1,855	1,896	1,937	1,979	7
8	2,120	2,167	2,214	2,262	8
9	2,385	2,438	2,491	2,545	9
10	2,650	2,708	2,768	2,828	10
11	2,915	2,979	3,045	3,110	11
12	3,180	3,250	3,321	3,393	12
13	3,445	3,521	3,598	3,676	13
14	3,710	3,792	3,875	3,959	14
15	3,975	4,063	4,152	4,241	15
16	4,240	4,334	4,428	4,524	16
17	4,505	4,604	4,705	4,807	17
18	4,770	4,875	4,982	5,090	18
19	5,035	5,146	5,259	5,372	19
20	5,300	5,417	5,535	5,655	20
21	5,565	5,688	5,812	5,938	21
22	5,830	5,959	6,089	6,221	22
23	6,095	6,230	6,366	6,503	23
24	6,350	6,500	6,643	6,786	24
25	6,625	6,771	6,919	7,069	25
26	6,890	7,042	7,196	7,352	26
27	7,155	7,313	7,473	7,634	27
28	7,420	7,584	7,750	7,917	28
29	7,685	7,855	8,027	8,200	29
30	7,950	8,125	8,303	8,483	30

LONGUEUR	CIRCONFÉR. 1m90	CIRCONFÉR. 1m92	CIRCONFÉR. 1m94	CIRCONFÉR. 1m96	LONGUEUR
Mètres					Mètres
1	0,289	0,295	0,301	0,307	1
2	0,578	0,590	0,602	0,615	2
3	0,866	0,885	0,903	0,922	3
4	1,155	1,180	1,204	1,229	4
5	1,444	1,475	1,505	1,537	5
6	1,733	1,769	1,807	1,844	6
7	2,022	2,064	2,108	2,151	7
8	2,310	2,359	2,409	2,459	8
9	2,599	2,654	2,710	2,766	9
10	2,888	2,949	3,011	3,073	10
11	3,177	3,244	3,312	3,381	11
12	3,466	3,539	3,613	3,688	12
13	3,754	3,834	3,914	3,995	13
14	4,043	4,129	4,215	4,303	14
15	4,332	4,424	4,516	4,610	15
16	4,621	4,719	4,817	4,917	16
17	4,910	5,014	5,119	5,225	17
18	5,198	5,308	5,420	5,332	18
19	5,487	5,603	5,721	5,839	19
20	5,776	5,898	6,022	6,147	20
21	6,065	6,193	6,323	6,454	21
22	6,354	6,488	6,624	6,761	22
23	6,642	6,783	6,925	7,069	23
24	6,931	7,078	7,226	7,376	24
25	7,220	7,373	7,527	7,683	25
26	7,509	7,668	7,828	7,991	26
27	7,798	7,963	8,129	8,298	27
28	8,086	8,258	8,430	8,605	28
29	8,375	8,552	8,732	8,913	29
30	8,664	8,847	9,033	9,220	30

LONGUEUR	CIRCONFÉR. 1^m98	CIRCONFÉR. 2^m00	CIRCONFÉR. 2^m02	CIRCONFÉR. 2^m04	LONGUEUR
Mètres					Mètres
1	0,314	0,320	0,326	0,333	1
2	0,627	0,640	0,653	0,666	2
3	0,941	0,960	0,979	0,999	3
4	1,255	1,280	1,306	1,332	4
5	1,568	1,600	1,632	1,665	5
6	1,882	1,920	1,958	1,998	6
7	2,195	2,240	2,285	2,331	7
8	2,509	2,560	2,611	2,663	8
9	2,823	2,880	2,937	2,996	9
10	3,136	3,200	3,264	3,329	10
11	3,450	3,520	3,591	3,662	11
12	3,764	3,840	3,917	3,995	12
13	4,078	4,160	4,244	4,328	13
14	4,491	4,480	4,570	4,661	14
15	4,705	4,800	4,897	4,994	15
16	5,018	5,120	5,223	5,327	16
17	5,332	2,440	5,549	5,660	17
18	5,645	5,760	5,876	5,983	18
19	5,959	6,080	6,202	6,316	19
20	6,273	6,400	6,529	6,659	20
21	6,586	6,720	6,855	6,991	21
22	6,900	7,040	7,182	7,324	22
23	7,214	7,360	7,508	7,657	23
24	7,527	7,680	7,835	7,990	24
25	7,841	8,000	8,161	8,323	25
26	8,155	8,320	8,487	8,656	26
27	8,468	8,640	8,814	8,989	27
28	8,782	8,960	9,140	9,322	28
29	9,096	9,280	9,467	9,655	29
30	9,409	9,600	9,793	9,988	30

LONGUEUR	CIRCONFÉR. 2m06	CIRCONFÉR. 2m08	CIRCONFÉR. 2m10	CIRCONFÉR. 2m12	LONGUEUR
Mètres					Mètres
1	0,339	0,346	0,353	0,360	1
2	0,679	0,692	0,706	0,719	2
3	1,019	1,038	1,058	1,079	3
4	1,358	1,385	1,411	1,438	4
5	1,697	1,731	1,764	1,798	5
6	2,037	2,077	2,117	2,157	6
7	2,376	2,423	2,470	2,517	7
8	2,715	2,769	2,822	2,876	8
9	3,055	3,115	3,175	3,236	9
10	3,395	3,461	3,528	3,596	10
11	3,734	3,807	3,881	3,955	11
12	4,074	4,153	4,234	4,315	12
13	4,413	4,499	4,586	4,674	13
14	4,753	4,846	4,939	5,034	14
15	5,092	5,192	5,292	5,393	15
16	5,432	5,538	5,645	5,753	16
17	5,771	5,884	5,998	6,112	17
18	6,111	6,230	6,350	6,472	18
19	6,450	6,576	6,703	6,831	19
20	6,790	6,922	7,056	7,191	20
21	7,129	7,268	7,409	7,551	21
22	7,469	7,614	7,762	7,910	22
23	7,808	7,960	8,114	8,270	23
24	8,148	8,307	8,467	8,629	24
25	8,487	8,653	8,820	8,989	25
26	8,827	8,999	9,173	8,348	26
27	9,166	9,345	9,526	9,708	27
28	9,506	9,691	9,878	10,067	28
29	9,845	10,037	10,231	10,427	29
30	10,185	10,383	10,584	10,787	30

LONGUEUR	CIRCONFÉR. 2ᵐ14	CIRCONFÉR. 2ᵐ16	CIRCONFÉR. 2ᵐ18	CIRCONFÉR. 2ᵐ20	LONGUEUR
Mètres					Mètres
1	0,366	0,373	0,380	0,387	1
2	0,633	0,747	0,760	0,774	2
3	1,099	1,120	1,141	1,162	3
4	1,466	1,493	1,521	1,549	4
5	1,832	1,866	1,901	1,936	5
6	2,198	2,240	2,281	2,323	6
7	2,565	2,613	2,661	2,710	7
8	2,931	2,986	3,042	3,098	8
9	3,297	3,359	3,422	3,485	9
10	3,664	3,733	3,802	3,872	10
11	4,030	4,116	4,182	4,259	11
12	4,396	4,489	4,562	4,646	12
13	4,763	4,862	4,943	5,034	13
14	5,129	5,236	5,323	5,421	14
15	5,496	5,599	5,703	5,808	15
16	5,862	5,972	6,083	6,195	16
17	6,228	6,345	6,463	6,582	17
18	6,595	6,719	6,844	6,970	18
19	6,961	7,092	7,224	7,357	19
20	7,327	7,465	7,604	7,744	20
21	7,694	7,838	7,984	8,131	21
22	8,060	8,212	8,364	8,518	22
23	8,426	8,585	8,745	8,906	23
24	8,793	8,958	9,125	9,293	24
25	9,159	9,331	9,505	9,680	25
26	9,525	9,705	9,885	10,067	26
27	9,892	10,078	10,265	10,454	27
28	10,258	10,451	10,646	10,842	28
29	10,624	10,854	11,026	11,229	29
30	10,991	11,197	11,406	11,616	30

LONGUEUR	CIRCONFÉR. 2m22	CIRCONFÉR. 2m24	CIRCONFÉR. 2m26	CIRCONFÉR. 2m28	LONGUEUR
Mètres					Mètres
1	0,394	0,401	0,409	0,416	1
2	0,789	0,803	0,817	0,832	2
3	1,183	1,204	1,226	1,248	3
4	1,577	1,606	1,634	1,664	4
5	1,971	2,007	2,043	2,079	5
6	2,366	2,409	2,452	2,495	6
7	2,760	2,810	2,860	2,911	7
8	3,154	3,211	3,269	3,327	8
9	3,548	3,613	3,678	3,743	9
10	3,943	4,014	4,086	4,159	10
11	4,337	4,415	4,495	4,575	11
12	4,731	4,817	4,904	4,991	12
13	5,125	5,218	2,312	5,407	13
14	5,520	5,620	5,721	5,823	14
15	5,914	6,021	6,129	6,239	15
16	6,308	6,422	6,538	6,654	16
17	6,702	6,824	6,947	7,060	17
18	7,096	7,225	7,355	7,486	18
19	7,491	7,626	7,764	7,902	19
20	7,885	8,028	8,172	8,317	20
21	8,280	8,429	8,581	8,733	21
22	8,674	8,831	8,990	9,149	22
23	9,068	9,232	9,398	9,565	23
24	9,463	9,634	9,807	9,981	24
25	9,857	10,035	10,215	10,397	25
26	10,251	10,436	10,624	10,813	26
27	10,645	10,838	11,033	11,229	27
28	11,040	11,239	11,441	11,645	28
29	11,434	11,640	11,850	12,061	29
30	11,828	12,042	12,258	12,476	30

LONGUEUR	CIRCONFÉR. 2m30	CIRCONFÉR. 2m32	CIRCONFÉR. 2m34	CIRCONFÉR. 2m36	LONGUEUR
Mètres					Mètres
1	0,423	0,431	0,438	0,446	1
2	0,846	0,861	0,876	0,891	2
3	1,270	1,292	1,314	1,337	3
4	1,693	1,722	1,752	1,782	4
5	2,116	2,153	2,190	2,228	5
6	2,539	2,584	2,628	2,673	6
7	2,962	3,014	3,066	3,119	7
8	3,386	3,445	3,504	3,564	8
9	3,809	3,876	3,942	4,010	9
10	4,232	4,306	4,380	4,456	10
11	4,655	4,737	4,819	4,902	11
12	5,078	5,168	5,257	5,347	12
13	5,502	5,598	5,695	5,793	13
14	5,925	6,029	6,133	6,239	14
15	6,348	6,459	6,571	6,684	15
16	6,771	6,890	7,009	7,129	16
17	7,194	7,320	7,447	7,575	17
18	7,618	7,751	7,885	8,020	18
19	8,041	8,181	8,323	8,466	19
20	8,464	8,612	8,761	8,911	20
21	8,887	9,042	9,199	9,357	21
22	9,310	9,473	9,637	9,802	22
23	9,734	9,904	10,075	10,247	23
24	10,167	10,334	10,513	10,693	24
25	10,580	10,765	10,951	11,139	25
26	11,003	11,195	11,389	11,584	26
27	11,426	11,626	11,827	12,030	27
28	11,850	12,057	12,265	12,476	28
29	12,273	12,487	12,703	12,922	29
30	12,696	12,918	13,141	13,367	30

LONGUEUR	CIRCONFÉR. 2m38	CIRCONFÉR. 2m40	CIRCONFÉR. 2m42	CIRCONFÉR. 2m44	LONGUEUR
Mètres					Mètres
1	0,453	0,461	0,469	0,476	1
2	0,906	0,922	0,937	0,953	2
3	1,360	1,382	1,406	1,429	3
4	1,813	1,843	1,874	1,905	4
5	2,266	2,304	2,343	2,381	5
6	2,719	2,765	2,811	2,858	6
7	3,172	3,226	3,280	3,334	7
8	3,625	3,686	3,748	3,810	8
9	4,078	4,147	4,217	4,286	9
10	4,532	4,608	4,685	4,763	10
11	4,985	5,069	5,154	5,239	11
12	5,438	5,530	5,622	5,715	12
13	5,891	5,990	6,091	6,191	13
14	6,344	6,451	6,559	6,668	14
15	6,797	6,912	7,028	7,144	15
16	7,250	7,373	7,496	7,620	16
17	7,704	7,834	7,965	8,096	17
18	8,157	8.294	8,433	8,573	18
19	8,610	8,755	8,902	9,050	19
20	9,063	9,216	9,370	9,526	20
21	9,516	9,677	19,839	9,952	21
22	9,969	10,138	10,307	10,428	22
23	10,422	10,598	10 776	10,905	23
24	10,876	11,059	11,244	11,381	24
25	11,329	11,520	11,713	11,907	25
26	11,782	11,981	12,181	12,383	26
27	12,235	12,442	12,650	12,860	27
28	12,688	12,902	13,118	13,336	28
29	13,141	13,363	13,587	13,812	29
30	13,595	13,824	14,055	14,289	30

LONGUEUR	CIRCONFÉR. 2m46	CIRCONFÉR. 2m48	CIRCONFÉR. 2m50	CIRCONFÉR. 2m52	LONGUEUR
Mètres					Mètres
1	0,484	0,492	0,500	0,508	1
2	0,968	0,984	1,000	1,016	2
3	1,452	1,476	1,500	1,524	3
4	1,937	1,968	2,000	2,032	4
5	2,421	2,460	2,500	2,540	5
6	2,905	2,952	3,000	3,048	6
7	3,389	3,444	3,500	3,556	7
8	3,873	3,936	4,000	4,064	8
9	4,357	4,428	4,500	4,572	9
10	4,841	4,920	5,000	5,080	10
11	5,325	5,412	5,500	5,588	11
12	5,810	5,904	6,000	6,096	12
13	6,294	6,396	6,500	6,604	13
14	6,778	6,888	7,000	7,112	14
15	7,262	7,381	7,500	7,621	15
16	7,746	7,873	8,000	8,129	16
17	8,230	8,365	8,500	8,637	17
18	8,714	8,857	9,000	9,145	18
19	9,198	9,349	9,500	9,653	19
20	9,683	9,841	10,000	10,161	20
21	10,167	10,333	10,500	10,669	21
22	10,651	10,825	11,000	11,177	22
23	11,135	11,317	11,500	11,685	23
24	11,619	11,809	12,000	12,193	24
25	12,103	12,301	12,500	12,701	25
26	12,587	12,793	13,000	13,209	26
27	13,071	13,285	13,500	13,717	27
28	13,556	13,777	14,000	14,225	28
29	14,040	14,269	14,500	14,733	29
30	14,524	14,761	15,000	15,241	30

LONGUEUR	CIRCONFÉR. 2m54	CIRCONFÉR. 2m56	CIRCONFÉR. 2m58	CIRCONFÉR. 2m60	LONGUEUR
Mètres					Mètres
1	0,516	0,524	0,533	0,541	1
2	1,032	1,049	1,065	1,082	2
3	1,548	1,563	1,598	1,622	3
4	2,065	2,087	2,130	2,193	4
5	2,581	2,621	2,663	2,704	5
6	3,097	3,146	3,195	3,245	6
7	3,613	3,670	3,728	3,786	7
8	4,129	4,194	4,260	4,326	8
9	4,645	4,718	4,793	4,867	9
10	5,161	5,243	5,325	5,408	10
11	5,677	5,767	5,858	5,949	11
12	6,194	6,291	6,390	6,490	12
13	6,710	6,815	6,923	7,030	13
14	7,226	7,340	7,455	7,571	14
15	7,742	7,864	7,988	8,112	15
16	8,258	8,388	8,520	8,653	16
17	8,774	8,913	9,053	9,194	17
18	9,290	9,437	9,585	9,734	18
19	9,806	9,961	10,118	10,275	19
20	10,323	10,486	10,650	10,816	20
21	10,839	11,010	11,183	11,357	21
22	11,355	11,534	11,715	11,898	22
23	11,871	12,059	12,248	12,438	23
24	12,387	12,583	12,780	12,979	24
25	12,903	13,107	13,313	13,520	25
26	13,419	13,632	13,845	14,061	26
27	13,935	14,156	14,378	14,602	27
28	14,452	14,680	14,910	15,142	28
29	14,968	15,205	15,443	15,683	29
30	15,484	15,729	15,975	16,224	30

LONGUEUR	CIRCONFÉR. 2^m62	CIRCONFÉR. 2^m64	CIRCONFÉR. 2^m66	CIRCONFÉR. 2^m68	LONGUEUR
Mètres					Mètres
1	0,549	0,558	0,566	0,575	1
2	1,098	1,115	1,132	1,149	2
3	1,648	1,673	1,698	1,724	3
4	2,197	2,230	2,264	2,298	4
5	2,746	2,788	2,830	2,873	5
6	3,295	3,345	3,396	3,447	6
7	3,844	3,903	3,962	4,022	7
8	4,393	4,460	4,528	4,596	8
9	4,942	5,018	5,094	5,171	9
10	5,492	5,576	5,661	5,746	10
11	6,041	6,133	6,227	6,320	11
12	6,590	6,691	6,793	6,895	12
13	7,139	7,248	7,359	7,469	13
14	7,688	7,806	7,925	8,044	14
15	8,237	8,365	8,491	8,619	15
16	8,786	8,921	9,057	9,193	16
17	9,336	9,479	9,623	9,768	17
18	9,885	10,036	10,189	10,342	18
19	10,434	10,594	10,755	10,917	19
20	10,983	11,151	11,321	11,492	20
21	11,532	11,709	11,887	12,066	21
22	12,081	12,266	12,453	12,641	22
23	12,630	12,824	13,019	13,215	23
24	13,180	13,381	13,585	13,790	24
25	13,729	13,939	14,151	14,364	25
26	14,278	14,496	14,717	14,939	26
27	14,827	15,054	15,283	15,513	27
28	15,376	15,612	15,849	16,088	28
29	15,925	16,170	16,415	16,662	29
30	16,475	16,727	16,981	17,237	30

LONGUEUR	CIRCONFÉR. 2m70	CIRCONFÉR. 2m72	CIRCONFÉR. 2m74	CIRCONFÉR. 2m76	LONGUEUR
Mètres					Mètres
1	0,583	0,592	0,601	0,609	1
2	1,166	1,183	1,212	1,219	2
3	1,750	1,776	1,802	1,828	3
4	2,333	2,368	2,402	2,438	4
5	2,915	2,959	3,003	3,047	5
6	3,499	3,551	3,604	3,657	6
7	4,082	4,143	4,204	4,266	7
8	4,666	4,735	4,805	4,875	8
9	2,249	5,327	5,406	5,485	9
10	5,832	5,919	6,006	6,094	10
11	6,415	6,511	6,607	6,704	11
12	6,988	7,103	7,207	7,313	12
13	7,582	7,695	7,808	7,922	13
14	8,165	8,286	8,409	8,532	14
15	8,748	8,878	9,009	9,141	15
16	9,331	9,470	9,610	9,751	16
17	9,914	10,062	10,210	10,360	17
18	10,498	10,554	10,811	10,969	18
19	11,081	11,246	11,412	11,579	19
20	11,664	11,837	12,012	12,188	20
21	12,247	12,429	12,613	12,798	21
22	12,830	13,021	13,213	13,407	22
23	13,414	13,613	13,814	14,017	23
24	13,997	14,205	14,415	14,626	24
25	14,580	14,797	15,015	15,235	25
26	15,163	15,389	15,616	15,845	26
27	15,746	15,981	16,216	16,454	27
28	16,330	16,573	16,817	17,064	28
29	16,913	17,164	17,418	17,673	29
30	17,496	17,756	18,018	18,282	30

LONGUEUR	CIRCONFÉR. 2m78	CIRCONFÉR. 2m80	CIRCONFÉR. 2m82	CIRCONFÉR. 2m84	LONGUEUR
Mètres					Mètres
1	0,618	0,627	0,636	0,645	1
2	1,237	1,254	1,272	1,391	2
3	1,855	1,882	1,909	1,936	3
4	2,473	2,509	2,545	2,581	4
5	3,091	3,136	3,181	3,226	5
6	3,710	3,763	3,817	3,872	6
7	4,328	4,390	4,453	4,517	7
8	4,946	5,018	5,090	5,162	8
9	5,565	5,645	5,726	5,807	9
10	6,183	6,272	6,362	6,453	10
11	6,804	6,889	6,998	7,098	11
12	7,419	7,526	7,634	7,743	12
13	8,038	8,154	8,271	8,388	13
14	8,656	8,781	8,907	9,734	14
15	9,274	9,408	9,543	9,679	15
16	9,892	10,035	10,179	10,324	16
17	10,511	10,662	10,815	10,969	17
18	11,129	11,290	11,452	11,615	18
19	11,747	11,917	12,088	12,260	19
20	12,365	12,544	12,724	12,905	20
21	12,984	13,171	13,360	13,550	21
22	13,602	13,798	13,996	14,196	22
23	14,220	14,426	14,633	14,841	23
24	14,838	15,053	15,269	15,486	24
25	15,457	15,680	15,905	16,131	25
26	16,075	16,307	16,541	16,777	26
27	16,693	16,934	17,177	17,422	27
28	17,311	17,562	17,814	18,067	28
29	17,930	18,189	18,450	18,712	29
30	18,548	18,816	19,086	19,357	30

LONGUEUR	CIRCONFÉR. 2m86	CIRCONFÉR. 2m88	CIRCONFÉR. 2m90	CIRCONFÉR. 2m92	LONGUEUR
Mètres					Mètres
1	0,654	0,664	0,673	0,682	1
2	1,309	1,327	1,346	1,364	2
3	1,963	1,991	2,018	2,046	3
4	2,618	2,654	2,691	2,729	4
5	3,272	3,318	3,364	3,411	5
6	3,926	3,981	4,037	4,093	6
7	4,581	4,645	4,710	4,775	7
8	5,227	5,308	5,382	5,457	8
9	5,889	5,972	6,055	6,139	9
10	6,544	6,636	6,728	6,821	10
11	7,198	7,299	7,401	7,503	11
12	7,852	7,963	8,074	8,185	12
13	8,507	8,627	8,746	8,868	13
14	9,161	9,290	9,419	9,550	14
15	9,816	9,953	10,092	10,232	15
16	10,470	10,617	10,765	10,914	16
17	11,124	11,281	14,438	11,596	17
18	11,778	11,944	12,110	12,278	18
19	12,433	12,607	12,783	12,960	19
20	13,087	13,271	13,456	13,642	20
21	13,741	13,935	14,129	14,324	21
22	14,395	14,598	14,802	15,007	22
23	15,050	15,261	15,474	15,689	23
24	15,705	15,925	16,147	16,371	24
25	16,359	16,589	16,820	17,053	25
26	17,014	17,252	17,493	17,735	26
27	17,668	17,916	18,166	18,417	27
28	18,322	18,580	18,838	19,099	28
29	48,976	19,244	19,511	19,781	29
30	19,631	19,907	20,184	20,463	30

LONGUEUR	CIRCONFÉR. 2m94	CIRCONFÉR. 2m96	CIRCONFÉR. 2m98	CIRCONFÉR. 3m00	LONGUEUR
Mètres					Mètres
1	0,692	0,701	0,710	0,720	1
2	1,383	1,402	1,421	1,440	2
3	2,075	2,103	2,131	2,160	3
4	2,766	2,804	2,842	2,880	4
5	3,457	3,505	3,552	3,600	5
6	4,149	4,206	4,263	4,320	6
7	4,840	4,907	4,973	5,040	7
8	5,532	5,607	5,684	5,760	8
9	6,223	6,308	6,394	6,480	9
10	6,915	7,009	7,104	7,200	10
11	7,606	7,710	7,815	7,920	11
12	8,298	8,411	8,525	8,640	12
13	8,989	9,112	9,236	9,360	13
14	9,681	9,813	9,946	10,080	14
15	10,372	10,514	10,657	10,800	15
16	11,064	11,215	11,367	11,520	16
17	11,755	11,916	12,077	12,240	17
18	12,447	12,617	12,788	12,960	18
19	13,138	13,318	13,498	13,680	19
20	13,830	14,019	14,209	14,400	20
21	14,521	14,720	14,919	15,120	21
22	15,213	15,420	15,630	15,840	22
23	15,904	16,121	16,340	16,560	23
24	16,596	16,822	17,051	17,280	24
25	17,287	17,523	17,761	18,000	25
26	17,979	18,224	18,471	18,720	26
27	18,670	18,925	19,182	19,440	27
28	19,362	19,626	19,892	20,160	28
29	20,053	20,327	20,603	20,880	29
30	20,745	21,028	21,313	21,600	30

LONGUEUR	CIRCONFÉR. 3ᵐ02	CIRCONFÉR. 3ᵐ04	CIRCONFÉR. 3ᵐ06	CIRCONFÉR. 3ᵐ08	LONGUEUR
Mètres					Mètres
1	0,730	0,739	0,749	0,759	1
2	1,459	1,475	1,498	1,518	2
3	2,189	2,218	2,247	2,277	3
4	2,919	2,957	2,996	3,036	4
5	3,648	3,697	3,745	3,795	5
6	4,378	4,436	4,495	4,553	6
7	5,107	5,175	5,244	5,312	7
8	5,837	5,915	5,993	6,071	8
9	6,567	6,654	6,742	6,830	9
10	7,296	7,393	7,491	7,589	10
11	8,026	8,133	8,240	8,348	11
12	8,756	8,872	8,989	9,107	12
13	9,485	9,611	9,738	9,866	13
14	10,214	10,351	10,487	10,625	14
15	10,945	11,090	11,236	11,384	15
16	11,674	11,829	11,985	12,144	16
17	12,404	12,569	12,734	12,902	17
18	13,133	13,308	13,484	13,660	18
19	13,863	14,047	14,232	14,419	19
20	14,593	14,787	14,982	15,178	20
21	15,322	15,526	15,731	15,937	21
22	16,052	16,265	16,480	16,696	22
23	16,782	17,005	17,229	17,455	23
24	17,511	17,744	17,977	18,214	24
25	18,241	18,483	18,727	18,978	25
26	18,970	19,223	19,476	19,732	26
27	19,700	19,962	20,225	20,491	27
28	20,432	20,701	20,974	21,250	28
29	21,159	21,441	21,724	22,008	29
30	21,889	22,,80	22,473	22,767	30

LONGUEUR	CIRCONFÉR. 3m10	CIRCONFÉR. 3m12	CIRCONFÉR. 3m14	CIRCONFÉR. 3m16	LONGUEUR
Mètres					Mètres
1	0,769	0,779	0,789	0,799	1
2	1,538	1,558	1,578	1,598	2
3	2,306	2,336	2,366	2,397	3
4	3,075	3,115	3,155	3,195	4
5	3,844	3,894	3,944	3,994	5
6	4,613	4,673	4,733	4,793	6
7	5,382	5,451	5,521	5,592	7
8	6,150	6,230	6,310	6,391	8
9	6,919	7,009	7,099	7,190	9
10	7,688	7,788	7,888	7,988	10
11	8,457	8,566	8,676	8,787	11
12	9,226	9,345	9,465	9,586	12
13	9,994	10,124	10,254	10,385	13
14	10,763	10,903	11,043	11,184	14
15	11,532	11,681	11,832	11,983	15
16	12,301	12,460	12,620	12,782	16
17	13,070	13,239	13,409	13,580	17
18	13,838	14,018	14,198	14,379	18
19	14,607	14,796	14,987	15,178	19
20	15,376	15,575	15,775	15,977	20
21	16,145	16,354	16,564	16,776	21
22	16,914	17,133	17,353	17,575	22
23	17,682	17,911	18,142	18,374	23
24	18,451	18,690	18,930	19,172	24
25	19,220	19,469	19,719	19,971	25
26	19,989	20,248	20,508	20,770	26
27	20,758	21,026	21,297	21,569	27
28	21,527	21,805	22,086	22,368	28
29	22,295	22,583	22,874	23,167	29
30	23,064	23,363	23,663	23,965	30

III

TABLES DIVERSES

TABLES D'INTÉRÊTS COMPOSÉS

Valeur de 1 franc placé à un des taux ci-dessous, après
un nombre d'années donné.

Ans.	3 $^0/_0$	3 $^1/_2$	4 $^0/_0$	4 $^1/_2$
1	1.0300	1.0350	1.0400	1.0450
2	1.0609	1.0712	1.0816	1.0920
3	1.0927	1.1087	1.1249	1.1412
4	1.1255	1.1475	1.1699	1.1925
5	1.1593	1.1877	1.2167	1.2462
6	1.1941	1.2293	1.2653	1.3023
7	1.2299	1.2723	1.3159	1.3609
8	1.2668	1.3168	1.3686	1.4221
9	1.3048	1.3629	1.4233	1.4861
10	1.3439	1.4106	1.4802	1.5530
11	1.3842	1.4600	1.5395	1.6229
12	1.4258	1.5111	1.6010	1.6959
13	1.4685	1.5640	1.6651	1.7722
14	1.5126	1.6187	1.7317	1.8519
15	1.5580	1.6753	1.8009	1.9353
16	1.6047	1.7340	1.8730	2.0224
17	1.6528	1.7947	1.9479	2.1134
18	1.7024	1.8575	2.0258	2.2085
19	1.7535	1.9225	2.1068	2.3079
20	1.8061	1.9898	2.1911	2.4117
21	1.8603	2.0594	2.2788	2.5202
22	1.9161	2.1315	2.3699	2 6337
23	1.9736	2.2061	2.4647	2.7522
24	2.0328	2.2833	2.5633	2.8760
25	2.0938	2.3632	2.6658	3.0054
26	2.1566	2.4460	2.7725	3.1407
27	2.2213	2.5316	2.8834	3.2820
28	2.2879	2.6202	2.9987	3.4297
29	2.3566	2.7119	3.1187	3.5840
30	2.4273	2.8068	3.2434	3.7453

TABLES D'INTÉRÊTS COMPOSÉS

Valeur de 1 franc placé à un des taux ci-dessous, après
un nombre d'années donné.

Ans.	5 %	5 1/2	6 %	6 1/2
1	1.0500	1.0550	1.0600	1.0650
2	1.1025	1.1130	1.1236	1.1342
3	1.1576	1.1742	1.1910	1.2079
4	1.2155	1.2388	1.2625	1.2865
5	1.2763	1.3070	1.3382	1.3701
6	1.3401	1.3788	1.4185	1.4591
7	1.4071	1.4547	1.5036	1.5540
8	1.4775	1.5347	1.5938	1.6550
9	1.5513	1.6191	1.6895	1.7626
10	1.6289	1.7081	1.7908	1.8771
11	1.7103	1.8021	1.8983	1.9992
12	1.7959	1.9012	2.0122	2.1291
13	1.8856	2.0058	2.1329	2.2675
14	1.9799	2.1161	2.2609	2.4149
15	2.0789	2.2325	2.3966	2.5718
16	2.1829	2.3553	2.5404	2.7390
17	2.2920	2.4848	2.6928	2.9170
18	2.4066	2.6215	2.8543	3.1067
19	2.5270	2.7656	3.0256	3.3086
20	2.6533	2.9178	3.2071	3.5236
21	2.7860	3.0782	3.3996	3.7527
22	2.9253	3.2475	3.6035	3.9966
23	3.0715	3.4262	3.8197	4.2564
24	3.2251	3.6146	4.0489	4.5331
25	3.3864	3.8134	4.2919	4.8277
26	3.5557	4.0231	4.5494	5.1415
27	3.7335	4.2444	4.8223	5.4757
28	3.9201	4.4778	5.1117	5.8316
29	4.1161	4.7241	5.4184	6.2107
30	4.3219	4.9840	5.7435	6.6144

TABLES D'INTÉRÊTS COMPOSÉS

Valeur de 1 franc placé à un des taux ci-dessous, après
un nombre d'années donné.

Ans.	7 %	7 ¹/₂	8 %	8 ¹/₂
1	1.0700	1.0750	1.0800	1.0850
2	1.1449	1.1556	1.1664	1.1772
3	1.2250	1.2423	1.2597	1.2773
4	1.3108	1.3355	1.3605	1.3859
5	1.4026	1.4356	1.4693	1.5037
6	1.5007	1.5433	1.5869	1.6315
7	1.6058	1.6590	1.7138	1.7701
8	1.7182	1.7835	1.8509	1.9206
9	1.8385	1.9172	1.9990	2.0839
10	1.9672	2.0610	2.1589	2.2610
11	2.1049	2.2156	2.3316	2.4532
12	2.2522	2.3818	2.5182	2.6617
13	2.4098	2.5604	2.7196	2.8879
14	2.5785	2.7524	2.9372	3.1334
15	2.7590	2.9589	3.1722	3.3997
16	2.9522	3.1808	3.4259	3.6887
17	3.1588	3.4194	3.7000	4.0023
18	3.3799	3.6758	3.9960	4.3425
19	3.6165	3.9515	4.3157	4.7116
20	3.8697	4.2479	4.6610	5.1120
21	4.1406	4.5664	5.0338	5.5466
22	4.4304	4.9089	5.4365	6.0180
23	4.7405	5.2771	5.8715	6.5296
24	5.0724	5.6729	6.3412	7.0846
25	5.4274	6.0983	6.8485	7.6868
26	5.8074	6.5557	7.3964	8.3401
27	6.2139	7.0474	7.9881	9.0490
28	6.6488	7.5759	8.6271	9.8182
29	7.1143	8.1441	9.3173	10.6528
30	7.6123	8.7550	10.0627	11.5583

TABLES D'ANNUITÉS

Valeur de 1 franc placé au commencement de chaque année, à un des taux ci-dessous, après un nombre d'années donné.

Ans.	3 %	3 ¹/₂	4 %	4 ¹/₂
1	1.0000	1 0000	1.0000	1.0000
2	2.0300	2.0350	2.0400	2.0450
3	3.0909	3.1062	3.1216	3.1370
4	4.1836	4.2149	4.2465	4.2782
5	5.3091	5.3625	5.4163	5.4707
6	6.4684	6.5502	6.6330	6.7169
7	7.6625	7.7794	7.8983	8.0192
8	8.8923	9.0517	9.2142	9.3800
9	10.1591	10.3685	10.5828	10.8021
10	11.4639	11.7314	12.0061	12.2882
11	12.8078	13.1420	13.4864	13.8412
12	14.1920	14.6020	15.0258	15.4640
13	15.6178	16.1130	16.6268	17.1599
14	17.0863	17 6770	18.2919	18.9321
15	18.5989	19.2957	20.0236	20.7841
16	20.1569	20.9710	21.8245	22.7193
17	21.7619	22.7050	23.6975	24.7417
18	23.4144	24.4997	25.6454	26.8551
19	25.1169	26.3572	27.6712	29.0636
20	26.8704	28.2797	29.7781	31.3714
21	28.6765	30.2695	31.9692	33.7831
22	30.5368	32.3289	34.2480	36.3034
23	32.4529	34.4604	36.6179	38.9370
24	34.4265	36.6665	39.0826	41.6892
25	36.4593	38.9499	41.6459	44.5652
26	38.5530	41.3131	44.3117	47.5706
27	40.7096	43.7591	47.0842	50.7113
28	42.9309	46.2906	49.9676	53.9933
29	45.2189	48.9198	52.9663	57.4230
30	47.5754	51.6227	56.0849	61.0071

TABLES D'ANNUITÉS

Valeur de 1 franc placé au commencement de chaque année, à un des taux ci-dessous, après un nombre d'années donné.

Ans.	5 °/₀	5 ¹/₂	6 °/₀	6 ¹/₂
1	1.0000	1.0000	1.0000	1.0000
2	2.0500	2.0550	2.0600	2.0650
3	3.1525	3.1680	3.1836	3.1992
4	4.3101	4.3423	4.3746	4.4072
5	5.5256	5.5811	5.6377	5 6936
6	6.8019	6.8881	6.9753	7.0637
7	8.1420	8.2669	8.3938	8.5229
8	9.5491	9.7216	9.8975	10.0769
9	11.0266	11.2563	11.4913	11.7319
10	12.5779	12.8754	13.1808	13.4944
11	14.2068	14.5835	14.9716	15.3716
12	15.9171	16.3856	16.8699	17.3707
13	17.7130	18.2868	18.8821	19.4998
14	19.5986	20.2926	21.0151	21.7673
15	21.5786	22.4087	23.2760	24.1822
16	23.6575	24.6411	25.6725	26.7540
17	25.8404	26.9964	28.2129	29.4930
18	28.1324	29.4812	30.9057	32.4101
19	30.5390	32.1027	33.7600	35.5167
20	33.0660	34.8683	36.7856	38.8253
21	35.7193	37.7861	39.9927	42.3490
22	38.5052	40.8643	43.3923	46.1016
23	41.4305	44.1118	46.9958	50.0982
24	44.5020	47.5380	50.8156	54.3546
25	47.7271	51.1526	54.8645	58.8877
26	51.1135	54.9660	59.1564	63.7154
27	54.6691	58.9891	63.7058	68.8569
28	58.4026	63.2335	68.5281	74.3326
29	62.3227	67.7114	73.6398	80.1642
30	66.4388	72.4345	79.0582	86.3749

TABLES D'ANNUITÉS

Valeur de 1 franc placé au commencement de chaque année, à un des taux ci-dessous, après un nombre d'années donné.

Ans.	7 %	7 1/2	8 %	8 1/2
1	1.0000	1.0000	1.0000	1.0000
2	2.0700	2.0750	2.0800	2.0850
3	3.2149	3.2306	3.2464	3.2622
4	4.4399	4.4729	4.5061	4.5395
5	5.7507	5.8084	5.8666	5.9254
6	7.1533	7.2440	7.3359	7.4290
7	8.6540	8.7873	8.9228	9.0605
8	10.2598	10.4464	10.6366	10.8306
9	11.9780	12.2298	12.4876	12.7512
10	13.8164	14.1471	14.4866	14.8351
11	15.7836	16.2081	16.6455	17.0961
12	17.8885	18.4237	18.9771	19.5492
13	20.1406	20.8055	21.4953	22.2109
14	22.5505	23.3659	24.2149	25.9989
15	25.1290	26.1184	27.1521	28.2323
16	27.8881	29.0772	30.3243	31.6320
17	30.8402	32.2580	33.7502	35.3207
18	33.9990	35.6774	37.4502	39.3230
19	37.3790	39.3532	41.4463	43.6654
20	40.9955	43.3047	45.7620	48.3770
21	44.8652	47.5525	50.4229	53.4891
22	49.0057	52.1190	55.4568	59.0356
23	53.4361	57.0279	60.8933	65.0537
24	58.1767	62.3050	66.7648	71.5832
25	63.2490	67.9779	73.1059	78.6678
26	68.6765	74.0762	79.9544	86.3546
27	74.4838	80.6319	87.3508	94.6947
28	80.6977	87.6793	95.3388	103.7437
29	87.3465	95.2553	103.9659	113.5620
30	94.4608	103.3994	113.2832	124.2147

NOTA. — Le rayon moyen du couvert d'un arbre étant connu, on peut savoir, par la table ci-contre, quel est le plus grand nombre d'arbres des mêmes dimensions que peut contenir un hectare de forêt, avec la condition que les branches de ces arbres ne se touchent que par les extrémités. Réciproquement, étant donné le nombre d'arbres d'un hectare de forêt, on peut connaître la superficie de l'arbre moyen de cet hectare.

Ces renseignements peuvent aider à former le coup d'œil dans les diverses appréciations forestières.

TABLE DU COUVERT, CALCULÉE AVEC LA FORMULE πr^2

Couvert		Nombre d'arbres à l'hectare	Couvert		Nombre d'arbres à l'hectare
Rayon	Superficie		Rayon	Superficie	
1	2	3	1	2	3
	m. q.			m. q.	
1ᵐ »	3 14	3,183	4ᵐ40	60 79	164
1 20	4 52	2,212	4 60	66 44	150
1 40	6 15	1,620	4 80	72 34	138
1 60	8 03	1,256	5 »	78 50	128
1 80	10 17	984	5 20	84 90	118
2 »	12 56	790	5 40	91 56	109
2 20	15 20	657	5 60	98 47	101
2 40	18 08	553	5 80	105 62	94
2 60	21 23	479	6 »	113 04	88
2 80	24 62	406	6 50	132 66	75
3 »	28 26	353	7 »	153 86	64
3 20	32 15	312	7 50	176 63	56
3 40	36 30	275	8 »	200 96	49
3 60	40 69	245	8 50	226 24	44
3 80	45 34	220	9 »	254 34	39
4 »	50 24	199	10 »	314 15	32
4 20	55 39	179	11 »	380 06	28

R.F. BIBLIOTHÈQUE NATIONALE IMPRIMÉS

IV

RENSEIGNEMENTS

TABLEAU DES MESURES LÉGALES

(Lois du 18 germinal an III et du 4 juillet 1837.)

NOMS SYSTÉMATIQUES	VALEUR	NOMS SYSTÉMATIQUES	VALEUR

Mesures de longueur

Myriamètre. Dix mille mètres.
Kilomètre. . Mille mètres.
Hectomètre. Cent mètres.
Décamètre . Dix mètres.
MÈTRE . . . *Unité fondamentale des poids et mesures.* Dix-millionième partie du quart du méridien terrestre (1).
Décimètre. . Dixième du mètre.
Centimètre . Centième du mèt.
Millimètre . Millième du mètre.

Mesures agraires

Hectare. . . Cent ares ou 10,000 mètres carrés.
ARE. . . . . Cent mètres carrés, carré de dix mètres de côté.
Centiare . . Centième de l'are ou mètre carré.

Mesures de capacité

Kilolitre . . Mille litres.
Hectolitre. . Cent litres.
Décalitre . . Dix litres.
LITRE. . . . Décimètre cube.
Décilitre . . Dixième de litre.

Mesures de solidité

Décastère . . Dix stères.
STÈRE . . . . Mètre cube.
Décistère. . . Dixième du stère.

Poids

Mille kilogr. . Poids du mètre cube d'eau et du tonneau de mer.
Cent kilogr. . Quintal métrique
KILOGRAMME . Mille grammes. Poids dans le vide d'un décimètre cube d'eau distillée, à la température de 4° centigrades (2).
Hectogramme Cent grammes.
Décagramme. Dix grammes.
GRAMME . . . Poids d'un centimètre cube d'eau à 4° centigrades.
Décigramme. Dixième de gr.
Centigramme Centième de gr.
Milligramme. Millième de gr.

Monnaie

FRANC . . . . Cinq gr. d'argent, au titre de 9 dixièmes de fin.
Décime. . . . Dixième de franc
Centime . . . Centième de fr.

Conformément à la disposition de la loi du 18 germinal an III, concernant les poids et mesures de capacité, chacune des mesures décimales de ces deux genres a son double et sa moitié.

(1) L'étalon prototype, de platine, déposé aux Archives, donne la longueur légale du mètre quand il est à la température de zéro.
(2) L'étalon prototype, de platine, déposé aux Archives, donne dans le vide le poids légal du kilogramme.

Mesures de longueur & de superficie

RÉDUCTION DES TOISES, PIEDS, POUCES EN MÈTRES ET DÉCIMALES DE MÈTRE

Toises	Mètres	Pieds	Mètres	Pouces	Mètres
1	1,94904	1	0,32484	1	0,02707
2	3,89807	2	0,64968	2	0,05414
3	5,84710	3	0,97452	3	0.08121
4	7,79615	4	1,29936	4	0,10828
5	9,74518	5	1,62420	5	0,13535
6	11,69422	6	1,94904	6	0,16242
7	13,64326	7	2,27388	7	0,18949
8	15,59229	8	2,59827	8	0,21656
9	17,54133	9	2,92355	9	0,24363
10	19,49037	10	3,24839	10	0,27070
20	38,98073	20	6,49679	11	0,29777
30	58,47110	30	9,74518	12	0,32484
40	77,96146	40	12,99358	13	0,35191
50	97,45183	50	16,24197	14	0,37898
60	116,94220	60	19,49037	15	0,40605
70	136,43256	70	22,73876	16	0,43312
80	155,92293	80	25,98715	17	0,46019
90	175,41329	90	29,23555	18	0,48726
100	194,90366	100	32,48394	19	0,51433
200	389,80732	200	64,96789	20	0,54140
300	584,71098	300	97,45183	30	0,81210
400	779,61464	400	129.93577	40	1,08280
500	974,51830	500	162,41972	50	1,35350
1000	1949,03659	1000	324,83943	100	2,70700
10000	19490.36591	10000	3248,39432	1000	27,06995

RÉDUCTION DES MÈTRES EN TOISES, ET EN TOISES, PIEDS, POUCES ET LIGNES

Mètres	Toises	Mètres	Toises	Pieds	Pouces	Lignes
1	0,513074	1	0	3	0	11,296
2	1,026148	2	1	0	1	10,592
3	1,539222	3	1	3	2	9,888
4	2,052296	4	2	0	3	9,184
5	2,565370	5	2	3	4	8,480
6	3,078444	6	3	0	5	7,776
7	3,591518	7	3	3	6	7,072
8	4,104592	8	4	0	7	6,368
9	4,617666	9	4	3	8	5,664
10	5,13074	10	5	0	9	4,960
20	10,26148	20	10	1	6	9,920
30	15,39222	30	15	2	4	2,88
40	20,52296	40	20	3	1	7,84
50	25,65370	50	25	3	11	0,80
100	51,3074	100	51	1	10	1,6

RÉDUCTION DES TOISES CARRÉES ET CUBES EN MÈTRES CARRÉS ET CUBES

RÉDUCTION DES MÈTRES CARRÉS ET CUBES EN TOISES CARRÉES ET CUBES

Toises carrées	Mètres carrés	Toises cubes	Mètres cubes	Mètres carrés	Toises carrées	Mètres cubes	Toises cubes
1	3,7987	1	7,4039	1	0,2632	1	0,1351
2	7,5975	2	14,8078	2	0,5365	2	0,2701
3	11,3962	3	22,2117	3	0,7897	3	0,4052
4	15,1950	4	29,6156	4	1,0530	4	0,5403
5	18,9937	5	37,0195	5	1,3162	5	0,6753
6	22,7925	6	44,4233	6	1,5795	6	0,8104
7	26,5912	7	51,8272	7	1,8427	7	0,9454
8	30,3899	8	59,2311	8	2,1060	8	1,0805
9	34,1887	9	66,6350	9	2,3692	9	1,2156
10	37,9874	10	74,0389	10	2,6324	10	1,3506
50	189,9370	50	370,1945	50	13,1622	50	6,7532
100	379,8744	100	740,3890	100	26,3245	100	13,5064

RÉDUCTION DES PIEDS CARRÉS ET CUBES EN MÈTRES CARRÉS ET CUBES				RÉDUCTION DES MÈTRES CARRÉS ET CUBES EN PIEDS CARRÉS ET CUBES			
Pieds carrés	Mètres carrés	Pieds cubes	Mètres cubes	Mètres carrés	Pieds carrés	Mètres cubes	Pieds cubes
1	0,1055	1	0,03428	1	9,48	1	29,17
2	0,2110	2	0,06855	2	18,95	2	58,35
3	0,3166	3	0,10283	3	28,43	3	87,52
4	0,4221	4	0,13711	4	37,91	4	116,70
5	0,5276	5	0,17139	5	47,38	5	145,87
6	0,6331	6	0,20566	6	56,86	6	175,04
7	0,7386	7	0,23994	7	66,34	7	204,22
8	0,8442	8	0,27422	8	75,81	8	233,39
9	0,9497	9	0,30850	9	85,29	9	262,56
10	1,0552	10	0,34277	10	94,77	10	291,74
50	5,2760	50	1,71386	50	473,84	50	1,458,69
100	10,5521	100	3,42773	100	947,68	100	2,917,39

Dans la construction des tables de réduction qui précèdent, on a employé les valeurs suivantes :

Mètre . . . . 0,513 074 de toise linéaire.
Mètre carré . . . . 0,263 244 929 476 de toise carrée.
Mètre cube . . . . 0,135 064 118 946 de toise cube.
Toise . . . . 1,949 036 5912 mètre linéaire.
Toise carrée. . . . 3,798 743 6338 mètres carrés.
Toise cube . . . . 7,403 890 3430 mètres cubes.

Mesures agraires

La perche des eaux et forêts avait 22 pieds de côté. — L'arpent des eaux et forêts était composé de 100 perches. — La perche de Paris avait 18 pieds de côté. — L'arpent de Paris était de 100 perches. — L'unité nouvelle que l'on nomme *are* est un carré de 10 mètres de côté. — L'*hectare* se compose de 100 ares.

Noms des mesures	Pieds carrés	Toises carrées	Mètres carrés
Perche des eaux et forêts . . .	484	13,44	51,07
Arpent des eaux et forêts. . . .	48400	1344,44	5107,20
Perche de Paris	324	9	34,19
Arpent de Paris	32400	900	3418,97
Are	947,7	26,32	100
Hectare	94768,2	2632,45	10000

RÉDUCTION DES ARPENTS EN HECTARES ET DES HECTARES EN ARPENTS

Nombre d'arpents	ARPENTS		Nombre d'hectares	HECTARES	
	de Paris en hectares	des eaux et forêts en hectares		en arpents de Paris	en arpents des eaux et forêts
1	0,3419	0,5107	1	2,9249	1,9580
2	0,6838	1,0214	2	5,8499	3,9160
3	1,0257	1,5322	3	8,7748	5,8641
4	1,3675	2,0429	4	11,6998	7,8321
5	1,7094	2,5536	5	14,6247	1,7901
6	2,0513	3,0643	6	17,5497	9,7481
7	2,3932	3,5750	7	20,4746	13,7061
8	2,7351	4,0858	8	23,3995	15,6642
9	3,0770	4,5965	9	26,3245	17,6222
10	3,4189	5,1072	10	29,2494	19,5800
100	34,1887	51,0720	100	292,4944	195,8000
1000	341,8869	510,7198	1000	2924,9437	1956,0000

TABLE DE RÉDUCTION DES PENTES PAR MÈTRE EN DEGRÉS

Pente par mètre	Inclinaison correspondante en degrés	Pente par mètre	Inclinaison correspondante en degrés	Pente par mètre	Inclinaison correspondante en degrés	Pente par mètre	Inclinaison correspondante en degrés
mètres		mètres		mètres		mètres	
0,005	0°17'10"	0,045	2°34'40"	0,080	4°34'30"	0,115	6°33'40"
0,010	0 35 0	0,050	2 51 40	0,085	4 51 30	0,120	6 50 30
0,015	0 51 30	0,055	3 8 50	0,090	5 8 30	0,125	7 7 30
0,020	1 8 40	0,060	3 26 0	0,095	5 25 30	0,130	7 24 20
0,025	1 26 0	0,065	3 43 10	0,100	5 42 30	0,135	7 41 20
0,030	1 43 1	0,070	4 0 20	0,105	5 59 30	0,140	7 58 10
0,035	2 0 20	0,075	4 17 20	0,110	6 16 30	0,145	8 15 5
0,040	2 17 30					0,150	8 31 50

TABLEAU DES DENSITÉS

ESSENCES	DENSITÉ du bois	DENSITÉ DU CHARBON	
		en poudre	en morceaux
Acajou de Honduras . . .	0.560	»	»
— d'Espagne	0.852	»	»
Acacia	0.717	»	»
Aune	0.601	1.49	»
Bouleau	0.812	»	0.364
Buis de France	0.910	»	»
— de Hollande	1.320	»	»
Cèdre	0.486	»	0.238
Châtaignier	»	»	0.279
Chêne pédonculé	0.808	1.53	0.427
— rouvre.	0.872		»
Charme	0.756	»	0.555
Erable	0.674	»	»
Frêne	0.697	»	0.547
Hêtre	0.823	»	0.518
If.	0.744	»	»
Mélèze	0.543	»	»
Orme	0.723	»	0.357
Peuplier	0.477	1.45	0.245
Pin blanc (Weymouth). . .	0.553	»	»
Pin du nord	0.738	»	»
Pin sylvestre	0.559	»	»
Platane.	0.648	»	»
Poirier	0.732	»	»
Pommier	0.734	»	0.455
Sapin blanc d'Ecosse . . .	0.529	»	»
— d'Angleterre . .	0.555	»	»
— des Vosges . .	0.493	»	»
Saule	0.487	1.55	»
Sorbier.	0.673	»	»
Sycomore	0.590	»	»
Tilleul	0.604	1.46	»
Tremble	0.602	»	»
Liège	0.240	»	»
Moelle de sureau.	0.076	»	»

TABLEAU DES MESURES EMPLOYÉES DANS LE COMMERCE DES BOIS

NATIONS	MESURES DE LONGUEUR		MESURES DE SURFACE		MESURES DE SOLIDITÉ	
	Noms	Évaluation en mètres linéaires	Noms	Évaluation en mètres carrés	Noms	Évaluation en mètres cubes
France.	Mètre.	1	Hectare.	10000	Mètre cube ou stère.	1
	Décimètre.	0.100	Are.	100	Décistère.	0.100
	Centimètre.	0.010	Centiare.	1	Solive ancienne.	0.103
	Millimètre.	0.001	Toise carrée.	3 798	Pied cube.	0 034
	Toise valant 6 pieds de roi.	1.949	Perche des eaux et forêts.	51.072	Stère (bois empilé).	1
	Pied de 12 pouc.	0.324	Arpent des eaux et forêts.	5107.200	Double stère	2
	Pouce de 12 lig.	0.027			Décastère.	10
	Ligne.	0.002			Corde des eaux et forêts : 8 pieds de conche, 4 pieds de hauteur, 3 pieds 1/2 de longueur de bûche.	3 839
	Perche de 22 pieds	7.146			Corde de taillis : 8 × 4 × 2.5.	2.742
					Corde de moule : 8 × 4 × 4.	4.387
					Corde sur la Cure.	4.009
					Corde sur l'Oise, l'Aisne et la Seine.	5.000

Pays	Mesure		Mesure		Mesure	
Autriche.	Klafter (6 pieds).	1.896	Joch ou 1,600 klafters carrés	5736	Corde sur la Marne et l'Oureq.	4.008
	Pied (12 pouces).	0.316	Pfund.	298	Corde ports de l'Yonne.	4.007
					Corde port de Montargis.	5.003
					Tonneau de Gironde.	3.636
					Brasse de Gironde.	3.570
					Klafter (de Vienne).	3.41
					Klafter (de Salzbourg).	2.344
Bade.	Klafter (6 pieds).	1.752	Morgen (4 viertels de 100 perches)	3600	Klafter.	3.89
	Perche (10 pieds).	2.920	Arpent.	3707	Klafter.	8.13
Bavière.	Faot (pied de 12 pouces).	0.304	Acre (4 roods).	4047	Corde.	3.56
	Yard (3 pieds).	0.914	Rood (1210 yards)	1012	»	»
Angleterre.	Vood lang pole (6 yards).	5.487	»	»	»	»
Francfort.	Klafter.	1.710	»	»	Klafter.	2.90
	Perche forestière.	4.510	»	»	»	»
Prusse.	Pied (12 pouces).	0.314	»	»	Klafter (108 pieds cub.).	3.34

NATIONS	MESURES DE LONGUEUR		MESURES DE SURFACE		MESURES DE SOLIDITÉ	
	Noms	Evaluation en mètres linéaires	Noms	Evaluation en mètres carrés	Noms	Evaluation en mètres cubes
Chine.	Tschech.	0.339		»		»
Suisse.		»	Iuchard (400 per-ches carrées).	3600		»
Espagne.		»	Fanéga.	6426		»
Danemark.		»		»	Faon forestier.	2.61
Mecklembourg		»		»	Faden.	3.46
Nassau.		»		»	Corde.	3.89
Wurtemberg		»		»	Klafter.	3.39

TABLEAU DE L'IMPORTATION ET DE L'EXPORTATION
DES BOIS COMMUNS

ANNÉES	IMPORTATION	EXPORTATION
1848	30,700,000	2,900,000
1858	83,700,000	14,500,000
1868	179,400,000	34,800,000
1869	189,263,000	38,813,000
1870	151,255,000	29,497,000
1871	89,840,000	22,969,000
1872	128,733,000	25,274,000
1873	156,290,000	46,022,000
1874	176,600,000	47,800,000
1875	164,100,000	41,400,000
1876	202,400,000	44,400,000
1877	204,000,000	38,700,000
1878	220,600,000	33,100,000
1879	221,100,000	31,100,000
1880	278,000,000	34,800,000
1881	211,400,000	31,700,000
1882	228,400,000	27,000,000
1883	217,600,000	28,200,000
1884	194,100,000	29,300,000
1885	158,900,000	26,100,000
1886	143,200,000	22,300,000
1887	158,300,000	25,300,000

CONSOMMATION DE LA VILLE DE PARIS, EN COMBUSTIBLES, DE 1852 A 1887

ANNÉES	BOIS à brûler	CHARBON de bois et poussier	CHARBON de terre
	stères	hectolitres	kilogrammes
1852	719,069	3,160,123	323,715,700
1853	700,029	3,259,515	395,081,275
1854	737,184	3,279,815	400,205,242
1855	838,869	3,553,476	452,900,981
1856	776,780	3,481,372	419,506,428
1857	824,056	3.487,746	405,221,217
1858	776,397	3,290,076	406,590,121
1859	773,961	3,468,423	432,200,769
1860	824,603	4,327,117	520,314,615
1861	937,201	5,121,540	614,179,280
1862	942,526	4,970,944	678,371,745
1863	789,598	4,904,987	629,863,191
1864	797,973	5,067,773	695,138,155
1865	860,152	4,814,880	748,712,354
1866	859,281	4,924,501	793,630.520
1867	837,106	5,159,921	809,418,335
1868	872,785	4,921,718	705,310,115
1869	951,157	4,902,414	687,182,598
1870	591,313	2,834,341	472,586,641
1871	819,345	4,087,785	547,301,070
1872	894,628	4,751,870	899,681,468
1873	802,872	5,635,629	1,105,144,347
1874	624,360	4,704,861	675,298,816
1875	720,653	4,826,484	754,158,055
1876	762,984	5,172,128	790,594,466
1877	651,464	5,016,453	713,390,316
1878	729,885	5,036,970	824,550,`81
1879	840,013	5,122,640	943,503,889
1880	896,465	5,455,750	1,882,466,563
1881	793,000	5,092,000	951,678,000
1882	661,000	4,966,000	963,819,000
1883	774,440	5,105,094	1,015,057,255
1884	713,947	5,053,087	992,913,764
1885	717,783	4,805,611	1,053,146,257
1886	785,000	4,907,000	1,098,018,000
1887	725,000	4,723,000	1,222,814,000

CONSOMMATION DE LA VILLE DE PARIS, EN BOIS D'OEUVRE,
FERS ET FONTES, DE 1869 A 1887

Années	BOIS A OUVRER			Lattes et treillages	FERS employés dans les constructions	FONTES employées dans les constructions
	Chêne et bois durs	Sapius et bois blancs	TOTAL			
	stéres	stéres	stéres	bottes	tonnes	tonnes
1869	235,000	288,000	523,000	355,000	45,983	18,728
1870	120,000	177,000	297,000	172,000	16,387	6,495
1871	76,000	151,000	227,000	125,000	7,170	6,522
1872	162,000	287,000	448,000	219,000	16,666	12,420
1873	154,000	269,000	423,000	220,000	13,533	11,826
1874	139.000	232,000	371,000	172,000	17,343	15,739
1875	142,000	239.000	381,000	175,000	19,588	13,781
1876	156,000	268,000	424,000	170,000	211,056	17,286
1877	169,000	303,000	472,000	232,000	56,436	25,883
1878	159,000	304,000	463,000	182,000	31,109	21,348
1879	172,000	288,000	460,000	224,000	35,744	25,961
1880	214.000	368,000	582,000	227,000	45,544	33.657
1881	224,000	372,000	596,000	234,000	49,564	42,454
1882	224,000	401,000	625,000	227,000	62,964	47,597
1883	179,000	344,000	523,000	179,000	56,984	39,342
1884	156,000	334,000	490,000	171,000	36,209	32,514
1885	128,000	270,000	398,000	120,000	36,209	27,819
1886	134,000	284,000	418,000	133,000	53,778	26,064
1887	131,000	289,000	420,000	139,000	41,180	25,788

APERÇU DE LA CONSOMMATION DE PARIS PAR TÊTE
D'HABITANT

	m c.	stéres	hectolitres	poids
Bois à ouvrer.	0.23	»	»	»
Bois à brûler	»	0.41	»	142 k
Charbon de bois et poussier.	»	»	2.37	50
Charbon de terre	»	»	»	423

POIDS DU STÈRE DE DIFFÉRENTS BOIS SECS

Expériences de Chevandier de Valdrôme

ESSENCES	NATURE DES BOIS	POIDS du STÈRE SEC
Chênes sessile et pédonculé mélangés.	Rondinage de brins. . .	317^k
	Rondinage de branches .	277
Chêne sessile . . .	Bois de quartier. . . .	380
Hêtre	Rondinage de brins. . .	314
	Rondinage de branches .	304
	Bois de quartier. . . .	380
Charme	Rondinage de brins. . .	313
	Rondinage de branches .	293
	Bois de quartier. . . .	370
Bouleau	Rondinage de brins. . .	318
	Rondinage de branches .	269
	Bois de quartier	338
Saule	Rondinage de brins. . .	276
Aune	Rondinage de brins. . .	283
	Quartier et rondinage . .	291
	Bois de quartier. . . .	293
Tremble	Quartier et rondinage . .	273
Pin.	Rondinage de brins. . .	283
	Rondinage de branches .	281
	Bois de quartier. . . .	256

VOLUME RÉEL DES BOIS DE FEU RÉGULIÈREMENT EMPILÉS

DIAMÈTRE des BUCHES	NOMBRE de bûches par mètre carré de la section transversale	NOMBRE de bûches par stère, la bûche ayant 1ᵐ14 de long.	VOLUME réel du stère en mètres cubes	VOLUME apparent du mètre cube
m.			m. c.	stères
0.04	317	278	0.389	2.58
0.05	260	228	0.442	2.26
0.09	88	77	0.551	1.81
0.10	70	61	0.568	1.77
0.12	54	47	0.634	1.57
0.15	37	32	0.662	1.51
0.16	33	30	0.663	1.51
0.17	29	25	0.652	1.54
0.18	26	23	0.653	1.53
0.19	23	20	0.667	1.50
0.20	22	19	0.661	1.51
0.21	20	18	0.675	1.48
0.22	18	16	0.682	1.47
0.23	16	14	0.681	1.47

CHARBON ET HOUILLE

Un stère hêtre et chêne (quart) produit 0.52 à 0.56 st. de charbon
— bouleau (quartier) . . — 0.65 à 0.68 —
— pin sylvestre. . . . . — 0 60 à 0.64 —
— épicéa . . . . — 0.65 à 0.75 —
Un hectolitre de charbon de bois pèse de 21 à 24 kilos.
— de houille française, tout venant 87 —
— de houille belge. . . . . 90 —
— gaillettes. . . . . 80 —

POIDS DES GRAINES DES PRINCIPALES ESSENCES RÉSINEUSES

			Grammes
1 litre de graines désailées de pin sylvestre . . . . pèse	510
—	—	de pin d'Autriche . . . . —	527
—	—	de pin maritime . . . . —	598
—	—	de pin Weymouth. . . . —	412
—	—	de sapin . . . . —	285
—	—	d'épicéa . . . . —	562
—	—	de mélèze . . . . . . —	485

D'après les comptages exécutés en 1874 dans les divers magasins ou sécheries appartenant à l'administration forestière.

		Graines
1 kilog. de graine désailée d'épicéa . . . . contient	123 935
— de pin d'Allemagne. . . . . . . —	139 875
— de pin d'Auvergne de Murat. . . . —	186 705
— de mélèze . . . . —	139 330
— de pin d'Autriche . . . . —	48 596
— de pin maritime de Bordeaux . . . —	20 600
— de pin maritime de Corte. . . . —	18 060
— de pin d'Alep . . . . —	56 592
— de pin Cembro . . . . —	3 861
— de pin Weymouth . . . . —	61 200
— de sapin . . . . —	31 200
— de pin à crochets . . . . . . —	125 300

			Graine désailée	
	de pin sylvestre produit de. . .	780 à	900ᵏʳ
1 hectolitre	de sapin pectiné — . . .	1 500 à 2 250
de cônes	d'épicéa . . . — . . .	1 230 à 1 680
	de mélèze. . . — . . .	1 800 à 2 700

VALEUR ET RENDEMENT DES FORÊTS DE LA FRANCE EN 1865 (1)

PROPRIÉTAIRES	SUPERFICIE	VALEUR			PRODUIT NET des forêts	REVENU à l'hectare	TAUX de placement p. 100
		des taillis	des futaies	totale			
1	2	3	4	5	6	7	8
	hectares	francs	francs	francs	francs	fr.	fr.
Etat et dotation de la Couronne.	1,178,961	51,0879,000	2,240,026,000	2,750,905,000	37,727,000	32	1.37
Communes. . .	2,020,185	588,116,000	950,093,000	1,538,209,000	38,834,000	19	2.50
Particuliers . .	6,426,839	1,991,590,000	1,225,368,000	3,216,958,000	153,171,000	23	4.75
	9,325,985	3,090,585,000	4,413,487,000	7,506,072,000	229,282,000		

(1) Extrait de la brochure intitulée : *Conserver les bois de l'Etat et réaliser le matériel surabondant.* — Besançon, J. Jacquin, 1865.

SUPERFICIE DES FORÊTS DE LA FRANCE A DIFFÉRENTES ÉPOQUES

	1791	1813	1823	1837	1841	1865	1882
	Hectares	Hectares	Hectares	Hectares	Hectares	Hectares	Hectares
État	7,589,000	6,000,000	1,200,000	1,099,000	1,100,000	1,179,000	1,071,000
Communes . .			2,000,000	1,803,000	1,850,000	2,020,000	1,915,000
Particuliers . .	2,000,000	2,000,000	3,400,000	5,619,000	5,890,000	6,126,000	6,470,000
TOTAL. . .	9,589,000	8,000,000	6,300,000	8,521,000	8,840,000	9,325,000	9,456,000

VALEUR EN BLOC DES FORÊTS DE LA FRANCE EN 1882

Superficie totale	9,436,000^h
Produit annuel moyen en matière. . .	25,000,000^{mc}
— argent . . .	334,000,000^f
Taux moyen actuel de l'accroissement des bois en forêt	2 %
Taux moyen du placement en forêt . .	3 %
Revenu à l'hectare moyen en matière .	2^{mc}64
— argent . .	35^{f}32
Matériel total 2.64 × 9456000 × 50 . .	1,248,192,000^{mc}
Valeur totale 35.32 × 9456000 × 33 . .	11,215,538,000^f »
Capital des charges et du sol 35.32 × 9456000 × (50-33)	5,677,760,000 »
Valeur du capital bois.	5,537,778,000 »
Valeur des sols 350 × 9456000	3,309,600,000 »
Capital des charges.	2,228,178,000 »
Montant des charges annuelles 4 % du capital	89,127,120 »
Charges annuelles à l'hectare moyen $\frac{89127120}{9456000}$	9.43
Frais d'administration par hectare. . .	4.50
— d'impôts	4.93

Nota. — L'incertitude actuelle de la statistique et celle du traitement et de l'aménagement ne permettent pas d'arriver à des chiffres exacts. Il s'agit surtout d'appeler l'attention sur l'importance de la statistique au point de vue de tous les intérêts qui se rattachent à la propriété forestière.

ERRATA

———

Page 40, *au lieu de :* cellulose de papier et distillation, *lisez :* cellulose. Voir distillation et pâte à papier.

Page 67, avant-dernière ligne de la colonne d'observations, *au lieu de :* la possibilité n'est pas...., *lisez :* si la possibilité n'est pas....

BESANÇON. — IMPRIMERIE PAUL JACQUIN

OUVRAGES DU MÊME AUTEUR

Mémoire sur la gestion des forêts, ou pratique du traitement et de l'aménagement exposée d'une manière complète, sans emploi de termes techniques et sans le secours de la théorie. — *Première forme du cahier d'aménagement.*
J. Jacquin. Besançon, 1865. In-8°, 32 pages 1 50

Conserver les bois de l'Etat et réaliser le matériel surabondant. — Etudes forestières comprenant : L'estimation des forêts de la France. — L'industrie de la production du bois. — L'aliénation des forêts. — L'exploitation forestière. — *Brochure d'économie politique à l'occasion du projet de vente de 200,000 hectares de bois de l'Etat, et soumise au timbre.*
J. Jacquin. Besançon, 1865. In-8°, 64 pages 1 50

Les bois de l'Etat et la dette publique. — *Brochure faisant suite à la précédente et pareillement soumise au timbre.*
J. Jacquin. Besançon, 1866. In-8°, 16 pages . . . . 1 »

Mémoire de la commune de Syam à l'appui d'un pourvoi contre l'aménagement de ses bois. — Expériences d'accroissement dans les sapinières de la région moyenne du Jura — Courbes de végétation, 43 arbres d'expérience.
J. Jacquin. Besançon, 1867. In-8°, 64 pages, 12 planches gravées 2 50

Etude des forêts du Risoux faite à la demande des communes propriétaires. — Expériences d'accroissement dans les sapinières des hautes régions du Jura. — Courbes de végétation, 8 arbres d'expérience. — *Deuxième forme du cahier d'aménagement.*
J. Jacquin. Besançon, 1870. Grand in-8°, 88 pages, 3 planches gravées. 2 »

Cahier d'aménagement pour l'application de la méthode par contenance exposé sur la forêt des

Eperons. — Admis à l'exposition universelle de Paris en 1878. Introduction au cahier d'aménagement. La statistique. Le contrôle. Notes et renseignements. — Gravures et plans. — *Troisième forme du cahier d'aménagement.*
Bouchard-Huzard, 5, rue de l'Eperon, Paris.
J. Jacquin. Besançon, 1878. In-4°, 190 pages 7 50

La lumière, le couvert et l'humus étudiés dans leur influence sur la végétation des arbres croissant en forêt. — Mémoire à l'Institut, séance du 19 janvier 1880.
Gauthier-Villars. Paris, 1880 . . . .   » 50

Mémoire sur l'aménagement des bois de la commune de Syam. — Le régime forestier. L'aménagement. Le contrôle. Défaut de la loi forestière. Réforme de l'article 15 du code de 1827.
J. Jacquin. Besançon, 1882. In-4°, 36 pages 1 50

Le contrôle et le régime forestier. — L'aménagement actuel. Le contrôle. La réforme du régime forestier. — Brochure reproduite par la *Revue des eaux et forêts* en 1882.
In-8°, 20 pages. . . . .   1 »

La sylviculture française. — Admis à l'exposition internationale de sylviculture d'Edimbourg en 1884. — La méthode allemande. — La méthode française. — La méthode du contrôle. — Le service forestier.
P. Jacquin. Besançon, 1884. In-8°, 94 pages. 1 75

Troisième mémoire sur l'aménagement des bois de la commune de Syam. — La méthode naturelle et la méthode du contrôle. Comparaison de ces deux méthodes par le rendement pendant 22 ans. — Lutte de la commune contre le régime forestier. — Pertes de revenu. — Causes de ces pertes. — Réforme du régime forestier.
P. Jacquin. Besançon, 1885. In-8°, 34 pages 1 50

La méthode française et la question forestière. — Futaie simple et futaie composée comparées par le rendement. — — Les salaires et la méthode d'aménagement. — Rétablissement des futaies et de la main-d'œuvre forestière.
P. Jacquin. Besançon, 1885. In-8°, 28 pages . . . .   1 »

La méthode du contrôle. — Réponse à la brochure de M. Grandjean, conservateur des forêts en retraite. — Jardinage.

Tire et aire. Méthode naturelle. Futaie claire. Méthode du contrôle. *État récapitulatif de l'aménagement.* Origine et progrès de la méthode du contrôle. — Appendice.

P. Jacquin. Besançon, 1886. Grand in-8° de 124 pages . . 3 »

La méthode du contrôle à l'exposition universelle de 1889. — Une brochure in-8°, 16 pages, avec gravures et graphiques.

P. Jacquin. Besançon, 1890 . . . . 1 50

Le contrôle en sylviculture. — Les plans d'exploitation de courte durée dans l'aménagement des propriétés des communes. — Une brochure in-8° de 8 pages.

P. Jacquin. Besançon, 1886. . . . . » 50

L'art forestier et le contrôle. — Une brochure de 12 pages.

P. Jacquin. Besançon, 1887 . . . . » 50

BESANÇON. — IMPRIMERIE DE PAUL JACQUIN

LIBRAIRIE AGRICOLE

DE LA

MAISON RUSTIQUE

RUE JACOB, 26, A PARIS

☞ *La Librairie agricole de la Maison Rustique envoie franco, à toute per-sonne qui en fait la demande, son catalogue le plus récent.*

Un numéro spécimen AVEC PLANCHE COLORIÉE *du* Journal d'agriculture pratique *ou de la* Revue horticole *est adressé à toute personne qui en fait la demande accompagnée de 30 centimes en timbres-poste pour chaque journal.*

(Voir l'*Avis important* à la page suivante.)

DIVISION DU CATALOGUE

Série O. nº 25. — Janvier 1890.

AVIS IMPORTANT

La Librairie agricole, ne pouvant ouvrir un compte à toutes les personnes qui s'adressent à elle, est forcée de n'exécuter que les commandes accompagnées de leur paiement.

Toute commande de livres doit donc être accompagnée du montant de sa valeur et des **frais de port.**

Envois par la poste. — Si l'envoi doit se faire par la poste, ajouter pour les frais de port 0 fr. 25 au montant de toute commande inférieure à 2 fr. 50, et 10 0/0 du montant de la commande au-dessus de 2 fr. 50.

Envois par colis postaux. — Si l'envoi peut se faire par colis postal, le prix d'un colis postal étant de 0 fr. 60 pour l'expédition en gare, et de 0 fr. 85 pour l'expédition à domicile, calculer le montant des frais de port à raison d'un colis postal par commande de 20 francs.

Nos clients peuvent payer leurs commandes par l'envoi de mandats-poste dont le talon sert de quittance, bons de poste, chèques ou mandats sur Paris, à l'ordre du *Directeur de la Librairie agricole de la Maison rustique.* (Les très petites sommes ou les appoints peuvent être envoyés en timbres-poste.)

On ne reçoit que les lettres affranchies.

~~~~~~~~~~

Conditions spéciales offertes aux abonnés
du Journal d'Agriculture pratique et de la Revue horticole.

Les abonnés du *Journal d'Agriculture pratique* et de la *Revue horticole* ont droit à une remise de 10 % sur tous les livres qui figurent au *présent catalogue,* lorsqu'ils viennent les prendre directement à la Librairie agricole, rue Jacob, 26, à Paris.

Au lieu de la remise de 10 % ci-dessus spécifiée, les abonnés ont droit à l'*envoi franco,* quand les livres doivent leur être remis à domicile ; mais ce droit à l'*envoi franco,* est réservé aux abonnés de France ; il ne s'applique à l'étranger que si l'expédition peut se faire par la poste, et reste comprise dans l'*Union postale.*

La commande doit toujours être accompagnée du montant de sa valeur.

I. — MAISON RUSTIQUE DU XIXᵉ SIÈCLE. — TRAITÉS GÉNÉRAUX D'AGRICULTURE

Maison rustique du XIXᵉ siècle, cinq volumes grand in-8º à deux colonnes comprenant ensemble 2,700 pages, avec 2,500 gravures, publiée sous la direction de MM. Bailly, Bixio et Malpeyre.

Tome Iᵉʳ. — Agriculture proprement dite.

Climat.	Desséchement.	Récoltes.	Plantes-racines.
Sol et sous-sol.	Labours.	Voies de communica-	Plantes fourragères.
Amendements.	Ensemencements.	tion, clôtures.	Maladies des végé-
Engrais.	Arrosements.	Céréales.	taux. — Animaux
Défrichement.	Irrigations.	Légumineuses.	et insectes nuisibles

Tome II. — Cultures industrielles; animaux domestiques.

Cultures industrielles.		*Animaux domestiques.*	
Plantes oléagineuses.	Houblon.	Pharmacie vétéri-	Cheval, âne, mulet
— textiles.	Mûrier.	naire. — Maladies.	Races bovines.
— économiques.	Arbres : olivier.	Anatomie.	— ovines.
— médicinales.	— noyer.	Physiologie.	— porcines.
— aromatiques.	— de bordures.	Élevage et engraisse-	Basse-cour.
— tinctoriales.	— de vergers.	ment.	Chiens.

Tome III. — Arts agricoles.

Lait, beurre, fro-	Laine.	Sucre de betterave.	Résines.
mages; fruitières.	Vers à soie.	Lin, chanvre.	Meunerie.
Incubation artifi-	Abeilles.	Fécule.	Boulangerie.
cielle; élevage.	Vins, eaux-de-vie.	Huiles.	Sels.
Conservation des	Cidres, vinaigres.	Charbon, tourbe.	Chaux, cendres.
viandes; salaisons.	Bière.	Potasse, soude.	Arts divers.

Tome IV. — Forêts, étangs; législation, administration.

Pépinières.	Droits de propriété.	Choix d'un domaine.	Personnel, attelages,
Culture des forêts.	Distinction des biens.	Estimation.	mobilier.
Exploitation.	Bail, cheptel.	Acquisition.	Bétail, engrais.
Estimation.	Biens communaux.	Location.	Systèmes de culture.
Pêche, Étangs.	Police rurale.	Améliorations.	Ventes et achats.
Empoissonnement.	Des peines.	Capital.	Comptabilité.

Tome V. — Horticulture.

Terrain, engrais.	Semis, greffes, taille.	Jardin fruitier.	Plans de jardins.
Outils de jardinage.	Pépinières.	— fleuriste.	Calendriers du jardi-
Couches, bâches.	Arbres à fruits.	— potager.	nier, du forestier,
Orangerie et serres.	Légumes.	Culture forcée.	du magnanier.

Il n'y a pas d'agriculteur éclairé, pas de propriétaire qui ne consulte assidûment la *Maison rustique du dix-neuvième siècle*, qui est encore l'expression la plus complète de la science agricole.

Prix des 5 volumes (ouvrage complet), brochés, 39 fr. 50. — Reliés, 52 fr.

Chaque volume se vend séparément, broché, 8 fr. — Relié, 10 fr. 50.

BORIE (Victor). — **Les Travaux des champs** (*Bibl. du Cultiv.*). In-18 de 188 pages et 121 grav. 1.25

—— **Les Jeudis de M. Dulaurier**, Cours élémentaire d'agriculture. 2 vol. in-18 de 216 pages et 67 grav. 1.50

DOMBASLE (de). — **Traité d'agriculture.** 4 vol. in-8° ensemble de 1,702 pages. . . . . 20. »

> Tome Ier. *Économie générale.* 1 vol. in-8° de 410 pages. .
> — II. *Pratique agricole*, 1re *partie* : améliorations du sol, engrais et amendements, assolements, instruments ; 1 vol. in-8° de 456 p. et 19 grav. . . .
> — III. *Pratique agricole*, 2e *partie* : cultures préparatoires, céréales, fourrages, racines, prairies ; récolte et conservation des produits. 1 vol. in-8° de 400 pages et 6 grav. . . . .
> — IV. *Le Bétail.* 1 vol. in-8° de 436 pages . . . . . .
> *Chaque volume se vend séparément.* . . . . 5. »

—— **Calendrier du bon cultivateur.** 11e édition. 1 vol. in-12 912 pages et 89 gravures. 4.75

> La première partie de l'ouvrage, aujourd'hui classique, de l'illustre agronome Mathieu de Dombasle, renferme l'indication, mois par mois, de tous les travaux à faire aux champs, à la ferme, au jardin et dans les forêts. — Dans la seconde partie l'auteur traite des conditions nécessaires pour la bonne conduite des entreprises d'améliorations agricoles : conditions matérielles et morales ; administration du personnel ; irrigations ; engrais et amendements ; assolement ; amélioration du bétail à cornes ; instruments perfectionnés d'agriculture.

—— **Abrégé du Calendrier,** ou manuel de l'agriculteur praticien. (*Bibl. du Cultiv.*), In-12 de 280 pages 1.25

—— **Extrait de l'Abrégé du Calendrier.** In-12 de 98 pages. ».60

FRUCHIER (Dr J.-A.). — **Traité d'agriculture théorique et pratique,** plus spécialement appliqué aux conditions agricoles du midi de la France. 1 vol. in-8° de 816 pag. et 140 gr. suivi d'un dictionnaire des plantes cultivées, des animaux domestiques, et de leurs principaux produits. . . . . . 8. »

GASPARIN (Comte de). — **Cours d'agriculture.** 6 vol. in-8°, de plus de 4,000 pages et 235 grav. 89.50

> Tome Ier. Terrains agricoles, propriétés physiques des terres, valeur des terrains, amendements, engrais.
> — II. Météorologie agricole, constructions rurales.
> — III. Mécanique agricole, agriculture générale, cultures spéciales, céréales et plantes légumineuses.
> — IV. Plantes-racines, plantes oléagineuses, tinctoriales, textiles, fourragères ; vigne et arbres fruitiers.
> — V. Assolements, systèmes de culture, organisation et administration de l'entreprise agricole.
> — VI. Principes de l'agronomie ; nutrition et habitation des plantes, appendices sur les machines.
> *Chaque volume se vend séparément* . . . . 7. »

GIRARDIN ET DU BREUIL. — **Traité élémentaire d'agriculture.** 2 vol. in-18 de 1500 pages et 955 fig. . . . . 16. »

Tome Ier. — Agronomie ; le sol, assainissement ; irrigations, labours ; amendements et engrais ; défrichements ; arts agricoles ; plantes alimentaires cultivées pour leur semence ; céréales, plantes légumineuses.

Tome II. — Plantes fourragères à racines alimentaires ; prairies artificielles et prairies naturelles ; plantes textiles, tinctoriales, économiques ; plantes potagères de grande culture, assolements, notions sommaires d'économie agricole ; organisation d'un domaine ; exploitation.

GRANDEAU. — **Cours d'agriculture de l'École forestière :**

Tome Ier. — La Nutrition de la plante, un beau volume grand in-8° de 624 pages, 39 fig. et 1 planche ; prix : cartonné à l'anglaise . . . . 12. »

Le tome Ier seul a paru.

JOIGNEAUX (P.). — **Le Livre de la ferme et des maisons de campagne**, publié sous la direction de M. P. Joigneaux, avec la collaboration d'un grand nombre de savants et de praticiens, formant une véritable encyclopédie : nouvelle édition entièrement refondue et augmentée. 2 vol. in-4° de 2,116 pages à 2 colonnes avec 2,690 figures dans le texte.

Tome Ier. — *Agriculture proprement dite :* Terrains et engrais ; labours, roulages, binages ; méthodes de culture et instruments ; assolements et cultures spéciales ; céréales, légumineuses, racines, fourrages, plantes industrielles, plantes nuisibles. — *Zootechnie générale :* élevage des bestiaux ; chevaux, ânes, mulets, bœufs et vaches laitières, laitages et laiteries ; moutons, porcs ; basses-cours et colombiers ; abeilles et vers à soie ; pisciculture ; animaux et insectes nuisibles.

Tome II. — *Arboriculture et horticulture :* Généralités, pépinières, semis ; vignes, vendanges et vinification ; eaux-de-vie et vinaigres ; jardin fruitier, poirier, pommier, pêcher, cerisier, etc. ; vergers ; culture potagère, fleurs ; parcs et jardins paysagers ; arbres et arbustes d'ornement, sylviculture. — *Connaissances utiles :* Hygiène de l'homme et du bétail comptabilité, droit civil, pêche et chasse ; recettes diverses.

Prix des deux volumes : brochés. . . . . 32. »

Les mêmes, reliés, 40 fr.

—— **Les Champs et les Prés** (*Bibl. du Cult.*), entretiens sur l'agriculture : Sols et sous-sols ; labourage, engrais ; semis, plantation et récoltes ; plantes racines, légumineuses, fourragères, oléagineuses, textiles ; prairies naturelles. In-18 de 154 pages. 1.25

—— **Traité des graines** de la grande et de la petite culture, importance et choix des bonnes graines ; durée des facultés germinatives ; fixation des variétés ; porte-graines de la grande culture, du potager, du parterre et des arbres. (*Bibl. du Cult.*). In-18 de 168 pages. 1.25

—— **Les Veillées de la ferme de Tourne-Bride**, entretiens sur l'agriculture, l'exploitation des produits et l'arboriculture : Les engrais ; la terre et les plantes ; élevage du bétail ; vaches, moutons, porcs ; la laiterie, le beurre, le fromage, la volaille à la ferme : culture des arbres ; le jardin potager. Un volume in-18 de 188 pages avec gravures. . . . . . . 1. »

—— **Conseils à la jeune fermière :** de l'intérieur de la maison ; entretien des animaux, vaches, porcs, lapins, oiseaux de basse-cour ; la laiterie et ses produits ; le jardin potager ; les conserves à la ferme. 1 vol. in-18 de 170 pages. . . . 1. »

JOIGNEAUX (P.). — **Petite École d'agriculture** (*Bibl. des écoles primaires*). L'outillage agricole de l'enfant. — Le fumier, le drainage, les labours, les grains, les semis, les soins d'entretien. — Le jardin fruitier. — L'herbier de l'enfant. — Les insectes utiles et nuisibles. — A l'œuvre pour la récolte. — Petit bétail et petite volaille. — Des petites industries. Un vol. in-18 de 124 pages et 42 gravures, cartonné toile.   1.25

—— **Petits Entretiens sur la vie des champs.** 1 vol. in-18 de 112 pages avec grav. cartonné.   »,60

LAURENÇON. — **Traité d'agriculture élémentaire et pratique** (*Bibl. des écoles primaires*). 2 vol. in-18, ensemble de 248 pages et 44 grav.   1.50

LENOIR. — **Notions usuelles d'agriculture,** manuel théorique et pratique à l'usage des instituteurs et des jeunes praticiens. 1 vol. in-8° de 160 pages.   2. »

MASURE. — **Leçons élémentaires d'agriculture,** à l'usage des agriculteurs praticiens, et destinées à l'enseignement agricole dans les écoles spéciales d'agriculture. 2 vol. in-18 ensemble de 800 pages et 52 figures.   7. »

MILLET-ROBINET (Mme). — **Maison rustique des enfants.** In-4° imprimé avec luxe, de 320 pages, 120 grav. dans le texte, dessins de Bayard, O. de Penne, Lambert, etc., et 20 planches hors texte.   8. »
Richement relié   13. »

MOLL ET GAYOT. — **Encyclopédie pratique de l'agriculteur,** publiée sous la direction de MM. *Moll,* ancien professeur d'agriculture au Conservatoire des arts et métiers, et *Eug. Gayot,* ancien directeur de l'administration des Haras, avec la collaboration d'un grand nombre de savants. 13 vol. in-8° à 2 col., contenant de nombreuses grav. insérées dans le texte.   90. »

OLIVIER DE SERRES. — **Le Théâtre d'agriculture et ménage des champs,** d'Olivier de Serres, seigneur du Pradel, dans lequel est représenté tout ce qui est requis et nécessaire pour bien dresser, gouverner, enrichir et embellir la maison rustique, édition conforme au texte original, augmentée de notes et d'un vocabulaire, publiée par la Société d'agriculture du département de la Seine. 2 forts vol. gr. in-4° ensemble de 1856 pages.   50. »

Tome I. — *Du devoir du Mesnager, c'est à dire de bien cognoistre et choisir les Terres; du Labourage des Terres à grains; de la Culture de la Vigne; du Bestail à quatre pieds, et des Pasturages.*

Tome II. — *De la Conduicte du Poulailler, du Colombier, du Rucher et des Vers à Soye; des Jardinages pour avoir des Herbes et Fruicts potagers, des Fleurs odorantes, des Herbes médicinales et des Fruits des Arbres; de l'eau et du bois; de l'usage des Aliments.*

La Société centrale d'agriculture de Paris, en publiant cette nouvelle édition du *Théâtre d'agriculture* ne voulut pas que le style fût changé; elle voulut, au contraire, qu'il conservât son originalité, son langage pur et naïf et qu'il fût publié tel qu'Olivier de Serres l'avait livré à l'impression dans les éditions corrigées par lui. Ce livre remarquable à tant de titres est resté l'un des chefs-d'œuvre de la littérature agricole.

RICHARD (du Cantal). — **Dictionnaire raisonné d'agriculture et d'économie du bétail**, définitions des termes techniques, économie rurale, animaux domestiques, art vétérinaire, etc., etc.; 2 vol. gr. in-8°, ensemble de 1462 pages.   15. »

—— **Vocabulaire agricole et horticole** à l'usage des élèves des collèges et des écoles primaires (*Bibl. des écoles primaires*). 2° éd. 1 vol. in-18 de 466 pages avec figures. . .   3.50

SCHWERZ. — **Préceptes d'agriculture pratique**, traduction par MM. de Schauenburg et J. Laverrière. (1839-1847), ouvrage ayant obtenu la grande médaille d'or de la Société centrale d'agriculture de France. 4 vol. in-8° ensemble de 1442 pages.   19

Chaque volume se vend séparément aux prix suivants.

1re *Partie.* — Préceptes généraux, climat et sol, amendements, engrais animaux, végétaux et minéraux, litières et fumiers, valeurs comparatives et application des engrais. 1 vol. in-8°, 330 pages . . .   5. »

2° *Partie.* — Culture des plantes à grains farineux, céréales et plantes à cosses; froment, épeautre, seigle, orge, avoine, maïs et millet. — Pois, vesces, lentilles, fèves, haricots, sarrazin. — Assolements, labours, quantité de semence, récolte et son rendement, paille, son rapport avec le grain, ses propriétés comme fourrage. 1 vol. in-8°, 472 pages. . . . .   6.

3° *Partie.* — Culture des plantes fourragères, trèfle, luzerne, esparcette; fourragères supplétives. — Navets, betteraves, choux-raves, carottes, pommes de terre, topinambours, choux, leur récolte, leur conservation et leurs différents emplois économiques dans l'alimentation des chevaux et du bétail. 1 vol. in-8°, 408 pages. . . . .   5. »

4° *Partie.* — Culture des plantes économiques, oléagineuses, textiles et tinctoriales, trad. par M. Laverrière. Lin, chanvre, colza, navette, pavot, tabac. — Gaude, pastel, garance, etc. 1 vol. in-8° 232 pages.   3.50

—— **Manuel de l'agriculteur commençant** (*Bibl. du Cult.*), traduit par Villeroy. In-18 de 332 pages. 1.25

—— **Assolements et culture des plantes de l'Alsace** (1839), ouvrage traduit par V. Rendu, couronné par la Société centrale d'agriculture. 1 vol. in-8° de 312 pages. . . .   3.

TEISSERENC DE BORT (Edmond). — **Petit Questionnaire agricole** à l'usage des écoles primaires des pays de pâturage (*Bibl. des écoles primaires*). In-18 de 192 pages et 16 grav.   1.25

THOÜIN. — **Cours de culture** comprenant la grande et la petite culture des terres, celle des jardins, les semis et plantations, la taille, la greffe des arbres fruitiers, la conduite des arbres forestiers et d'ornement, un traité de la culture de la vigne et des considérations sur la naturalisation des végétaux (1845), publié par Oscar Leclerc. 3 vol. in-8° ensemble de 1618 pages et un atlas de 65 planches représentant les instruments d'agriculture et de jardinage, les greffes, taillis, boutures, les haies, clôtures, etc. . . . .   18. »

VIDALIN (Félix). — **Agriculture du centre de la France :** Les agents naturels de la végétation; le sol et les engrais; les champs, les prés, les bois; le bétail; conseils d'hygiène. 2 vol. in-18 cart. de 300 pages avec fig. . . . .   3.

II. — ÉCONOMIE RURALE. — SYSTÈMES DE CULTURE ET COMPTABILITÉ. — MÉLANGES D'AGRICULTURE.

(Voyages, annales, congrès, enquêtes. — Études agricoles appliquées à des régions particulières et monographies d'exploitations rurales.)

Maison rustique du XIXᵉ siècle, tome IV (*voir page* 3).

Almanach du Cultivateur, publié chaque année au mois de septembre, et comprenant toutes les nouveautés agricoles. 192 pages in-32 et nomb. grav D.50

Annales de l'Institut agronomique de Versailles.
1ʳᵉ Partie : Rapports sur l'administration, par Lecouteux; sur l'alimentation du bétail, par Baudement; sur les insectes nuisibles aux colzas, par Focillon; etc., etc. In-4° de 272 p. et 3 planches. . . . . 3. »
2ᵉ Partie : Recherches sur l'alucite des céréales, par Doyère. In-4° de 146 pages. . . . . 2. »

Primes d'honneur, décernées dans les concours régionaux en 1868. Grand in-8° de 582 pages, 19 planches coloriées et nombreuses figures dans le texte. . . . . 20.

BORIE (Victor). — **Étude sur le crédit agricole et le crédit foncier** en France et à l'étranger. 1 v. in-8° de 304 p. 5. »
« J'ai voulu, dit l'auteur dans sa préface, utiliser au profit de l'agriculture, à laquelle j'ai consacré la meilleure partie de ma vie, l'expérience que j'ai pu acquérir en me trouvant mêlé pendant près de dix ans, aux grandes opérations financières de notre temps. » Tous ceux qui s'intéressent à la question depuis si longtemps à l'étude, du crédit agricole, liront avec profit l'ouvrage de M. Victor Borie.

CACCIANIGA. — **La Vie champêtre,** études morales et économiques, trad. de l'italien par L. Dieu, 1 vol. in-8° de 208 pag. 2. »

CHAMBRELENT. — **Les Landes de Gascogne :** Description des landes; leur assainissement; desséchement des marais du littoral, leur mise en culture; exploitation et débouchés de leurs produits agricoles. 1 vol. in-8° de 116 pages et 2 planches. . . . . 4. »

DESBOIS. — **Le Barême agricole** pour l'évaluation des terres, des prés, des vignes et le prix de leur fermage, des récoltes en grains, vins, huiles, foin, paille, du rendement des grains en farine et en huile, du prix des grains par le mesurage, etc. Broch. in-4° de 108 pages ou tableaux . . . . 2. »

DESTREMX DE SAINT-CRISTOL. — **Agriculture méridionale;** le Gard et l'Ardèche. Considérations générales; statistique agricole du Gard; les vers à soie et les mûriers; les animaux de boucherie; l'Ardèche : statistique agricole; viticulture, irrigations, zone fourragère. In-8° de 432 pages. 8.50

Dombasle (de). — **Annales agricoles de Roville**, (1829-1887), 8 vol. in-8° avec une table alphabétique et raisonnée des matières contenues dans les huit volumes, et un supplément.

Extrait de la table générale des matières : Administration d'un établissement agricole; inventaires; comptabilité. — Bail de Roville. — Améliorations foncières; défrichements, labours, irrigations, amendements, écobuage; façons du sol, hersages, binages, etc.; systèmes de culture. — Chimie agricole et physiologie végétale; nutrition des plantes; engrais, fumiers. — Animaux de trait, attelages; bétail; bœufs et vaches, bêtes à laine, chevaux, porcs, etc.; engraissement. — Céréales, froment, seigle, orge, avoine, maïs; betteraves, carottes, navets, pommes de terre, fèves, gesses, trèfle, luzerne, sainfoin, ray-grass, chanvre, colza, houblon, vigne, tabac, forêts et plantations. — Bâtiments de la ferme et instruments aratoires.

Prix de l'ouvrage complet, 9 vol. cartonnés. . . . . . . 45. »

—— **Économie générale**, personnel, bâtiments, etc., (tome Ier du *Traité d'agriculture*, voir page 4). 1 vol. in-8°, 410 pag. 5. »

—— **Économie politique et agricole**, études sur le commerce international dans ses rapports avec la richesse des peuples, et sur l'organisation du travail. In-18 de 196 pages. 1.50

—— **Écoles d'arts et métiers**. In-18 de 104 pages . . . . 1. »

Dreuille (de). — **Du Métayage et des moyens de le remplacer**. 1 vol. in-18 de 104 pages. . . . . 1. »

Dubost et Pacout.—**Comptabilité de la ferme**; notions générales, inventaire, comptabilité-matières, comptabilité-espèces, compte moral, produit brut et bénéfices. (*Bibl. du Cultiv.*) 1 vol. in-18 de 124 pages ou tableaux. 1.25

—— **Registres pour la comptabilité de la ferme**, cinq registres in-folio pot avec instructions pratiques. . . . . 10. »

Livre d'inventaire. — Livre de magasin de la ferme. — Livre de magasin à l'usage de la fermière. — Livre de caisse de la ferme. — Livre de caisse de la fermière.

Chaque volume se vend séparément. . . . . 2. »

Durrieux. — **Monographie du paysan du Gers**; sol, industrie, population, mœurs, caractères, statistique, histoire de la famille, aliments, hygiène, habitation, moyens d'existence, étude sur le régime des successions. 1 vol. in-18 de 260 pages. 3.50

F.*** P.***. — **Des Réunions territoriales**, étude sur le morcellement en Lorraine. In-8° de 48 pages. . . . . . . »,75

Félizet (Ch.-L.). — **Le Petit Berquin agricole**, ou dialogues ruraux entre un fermier, sa famille, ses serviteurs divers et quelques amis spéciaux. 1 vol. in-18 de 416 pages et 12 pl. 3.50

Fontenay (L. de). — **Voyage agricole en Russie**. 1 vol. in-18 de 570 pages. 3.50

François. — **Manuel de l'expert des dommages causés par la grêle**; effets de la grêle sur les différentes natures de récoltes; maladies et insectes dont les dégâts ne doivent pas être confondus avec ceux de la grêle; des expertises. (*Bibl. du Cultiv.*). 1 vol. in-18 de 108 pages. . . . 1.25

**

GASPARIN (Comte de). — **Cours d'agriculture, tome V** : assolements, systèmes de cultures, organisation et administration de l'entreprise agricole, etc. (voir page 4).

—— **Fermage**, guide des propriétaires des biens affermés ; estimation, baux, etc. (*Bibl. du Cultiv.*) In-18 de 216 pages 1.25

—— **Métayage**, contrats, effets, améliorations, culture des métairies (*Bibl. du Cultiv.*). In-18 de 164 pages 1.25

GIRARDIN. — **Mélanges d'agriculture**. 2 vol. in-18, 1094 p. 5. »

GRANDEAU. — **Annales de la station agronomique de l'Est**, chimie et physiologie appliquées à la sylviculture. 1 vol. grand in-8° de 414 pages . . . . 9. »

IMBART-LATOUR. — **De la crise agricole** relative à la vente et à la consommation du bétail en France, notamment en ce qui concerne le Nivernais. Br. in-8° de 62 pages 1.50

LAVERGNE (Léonce de). — **Économie rurale de la France depuis 1789**. 4e édition. 1 vol. in-18 de 490 pages 3.50

—— **Essai sur l'économie rurale de l'Angleterre, de l'Écosse et de l'Irlande**. 5e éd. 1 vol. in-8° de 474 pages . . 8.50

—— **L'Agriculture et la Population**. 1 vol. in-18 de 472 pages. 3.50

LAVERGNE (Bernard). — **Agriculture des terrains pauvres** : assainissement des terrains humides ; prairies naturelles et artificielles ; reboisements ; vigne ; économie agricole, engrais, bestiaux, comptabilité ; 2e édit. 1 vol. in-18 de 302 pages. . 3. »

LE CONTE. — **L'Agriculture dans ses rapports avec le pain et la viande**, écarts entre les cours du blé et des animaux et ceux du pain et de la viande, leurs causes, remèdes à apporter. Broch. in-8° de 132 pages. . . . . . . 2. »

LECOUTEUX (Ed.). — **Cours d'économie rurale**, professé à l'Institut national agronomique. 2me éd. 2 vol. in-18, 984 p. 7. »

>   Tome Ier. *Les milieux économiques* : Les richesses sociales et leur valeur ; les agents directs de la production, la population, la propriété, la terre, le capital ; l'État et ses institutions ; les débouchés et le régime commercial ; l'œuvre économique du dix-neuvième siècle.
>
>   Tome II. *Les entreprises agricoles et les systèmes de culture* : l'entrepreneur et ses moyens d'action, le domaine, le capital d'exploitation, le travail, les engrais ; les produits agricoles ; les systèmes de culture ; administration et comptabilité agricoles.

—— **Principes de la culture améliorante**. 1 vol. in-18 de 412 pages 3.50

>   Principes généraux de la culture améliorante. — Culture de temporisation ; culture intensive. — Défoncements, défrichements, irrigations, dessèchements et drainage. — Labours, emblavures, récoltes. — Prairies et pâturages. — Amendements, fumiers de ferme et engrais chimiques. — Assolements et rotations.

LEFOUR. — **Comptabilité et géométrie agricoles** (*Bibl. du Cultiv.*). In-18 de 214 pages et 104 grav. 1.25

LULLIN DE CHATEAUVIEUX. — **Voyages agronomiques en France**. 2 vol. in-8°, ensemble de 1,032 pages. . . . . 12.

MALÉZIEUX. — **Études agricoles sur la Grande-Bretagne**, climat, plantes, opérations agricoles. — Cheval, bœuf, mouton, porc, volaille. 1 vol. in-8°, 642 pages et 14 pl. 7.50

MARCHAND (Eugène). — **Notice sur les aménagements agricoles,** exécutés en Normandie aux fermes de Lisors et d'Amfreville-sur-Iton. Grand in-8° de 40 pages et 17 figures.   1. »

MÉHEUST. — **Économie rurale de la Bretagne.** In-18 de 220 p.   2.50

NICOLLE. — **Des Assolements et des systèmes de culture :** De la fertilité et des exigences de certaines récoltes ; des assolements qui conviennent aux différents sols et climats; choix de l'assolement. 1 vol. in-8° de 140 pages. . . .   2. »

NOAILLES, DUC D'AYEN (J. de). — **L'Agriculture et l'industrie devant la législation douanière** (1881). Broch. in-8° de 80 pages 1.50

PICHAT. — **Pratique des semailles à la volée,** 1 vol. in-8° 110 pages et 16 fig. . . . .   2. »

PICHAT et CASANOVA. — **Examen de la question agricole en Dombes.** In-8° de 72 pages avec tableaux. 1.50

POIRSON (Ch.). — **De la production de la viande** et de ses conséquences dans l'économie rurale. In-8° de 36 pages. .   1. »

RIEFFEL. — **Manuel du propriétaire de métairies,** principalement dans l'ouest de la France. Considérations générales, conventions, comptabilité, capitaux, bestiaux, assolements. — Pratique du métayage, avec indication, mois par mois, des travaux à exécuter. 1 vol. in-18 de 300 pages. 3.50

RIONDET. — **Agriculture de la France méridionale,** ce qu'elle a été, ce qu'elle est, et pourrait être. In-18 de 384 p.   3.50

SAINTOIN-LEROY. — **Cours complet de comptabilité agricole.**

1° *Manuel de comptabilité agricole pratique*, en partie simple et en partie double, troisième édition, avec modèle des écritures d'une exploitation rurale pour une année entière. 1 vol. gr. in-8° de 192 p. et tableaux.   8. »

2° *Comptabilité simplifiée, agricole et commerciale*, mise à la portée de la moyenne et de la petite culture. 1 vol. gr. in-8° de 96 pages et tableaux.   2. »

Registres pour la tenue de la comptabilité.

Registre-Mémorial de l'agriculteur (comptabilité-matières), réunion de tous les tableaux nécessaires à la constatation de tous les faits d'une exploitation rurale. 1 vol. gr. in-4° oblong. . . . .   3. »

Livre de caisse (comptabilité-espèces), registre en tableaux. Gr. in-4° obl.   2.50

Journal, registre en blanc réglé et folioté. 1 vol. gr. in-4° oblong. . .   2.50

Grand-Livre, registre en blanc réglé et folioté. 1 vol. gr. in-4° oblong.   3. »

Registre unique du cultivateur pour l'application, dans les écoles, de la comptabilité simplifiée. 1 vol. petit in-4° oblong, de 25 pages . . .   ».60

SOULIER. — **Mémoire sur Parmentier,** avec un portrait de Parmentier. Broch. in-18 de 24 pages. . . . .   ».50

TOURDONNET (Cte de). — **Traité pratique du métayage** ; Partage des fruits, apports mutuels, charges domaniales, comptabilité et baux; améliorations domaniales; développement du métayage. 1 vol. in-18 de 372 pages. 3.50

TROGUINDY (Cte de). — **Mémoire sur le domaine du Brohet-Beffou,** plans, climat, cultures, matériel, bétail, comptabilité, etc. 1 vol. in-4° de 150 pages avec plans. . . . .   4. »

TUROT (Paul). — **L'Enquête agricole de 1866-1870 résumée,** ouvrage honoré d'une médaille d'or par la société nationale d'agriculture. 1 vol. grand in-8° de 520 pages. .   8. »

WAGNER (J. Ph.). — **Mathématiques et Comptabilité agricoles**. Manuel comprenant l'arithmétique, la comptabilité et les éléments de mécanique et d'hydraulique agricoles, la géométrie pratique appliquée à l'agriculture et à la vie usuelle, 1 vol. in-8° de 286 pages et 441 figures. . . . . . 8. »

III. — CHIMIE ET PHYSIOLOGIE AGRICOLES.
SOLS, ENGRAIS ET AMENDEMENTS.
PHYSIQUE, MÉTÉOROLOGIE.

Maison rustique du XIXe siècle, tome Ier (voir page 3.)

BORTIER. — **Coquilles animalisées**, leur emploi. In-8° de 8 pag.   ».50

DÉCUGIS. — **Les Tourteaux de graines oléagineuses**; fabrication, formes, analyse chimique, conservation et usages ; — applications des tourteaux comme engrais, choix, classification, emploi ; — applications comme aliments, valeur alimentaire, rations ; — applications diverses. Ouvrage médaillé par la Société nationale d'agriculture. 1 vol. in-8° de 546 pages. . 8. »

DOMBASLE (de). — **Améliorations du sol, engrais et amendements**. (Tome II du *Traité d'agriculture*, voir page 4).

FOUQUET (G.). — **Entretiens sur l'agriculture**, labours, fumier, épuisement du sol par les plantes et le bétail, production fourragère, etc. 1 vol. in-18 de 162 pages. . . . 1.50

GAIN. — **Manuel juridique de l'acheteur et du marchand d'engrais et d'amendements**. 1 vol. in-12 de 372 p.   3.50
   Commentaires des lois et règlements concernant la répression de la fraude dans le commerce des engrais ; produits ou engrais protégés par la loi ; contrats donnant lieu à l'action pénale ; fraudes prévues et punies ; pénalité, compétence, prescription, échantillonnage, etc.

GASPARIN (comte de). — **Cours d'agriculture, tomes I, II, et IV** : terrains agricoles, engrais et amendements, météorologie, nutrition des plantes, etc. (voir page 4).

GAUCHERON. — **Mes Veillées au village**, entretiens d'un Beauceron sur l'agriculture et la chimie agricole, les amendements et les engrais. 1 vol. in-18 de 244 pages. . . . . . - 2. »

GRANDEAU (Louis). — **Chimie et physiologie appliquées à la sylviculture** (Annales de la station agronomique de l'Est, travaux de 1868 à 1878). 1 vol. grand in-8° de 414 pag.   9.

—— **La Nutrition de la plante** : les doctrines agricoles, l'atmosphère et la plante (tome Ier du *Cours d'agriculture de l'École forestière*), un beau vol. grand in-8° de 624 pages, 39 figures et une planche cartonné à l'anglaise. . . . 12. »

JOULIE. — **Guide pour l'achat et l'emploi des engrais chimiques**. 6me édition. 1 vol. in-8° de 488 pages. 3.50
   Origine et sources industrielles des éléments essentiels : azote, phosphore, potasse, chaux. — Les formules. — Les besoins des plantes, les ressources des sols, le fumier de ferme. — Les engrais chimiques nécessaires ; engrais complets et incomplets. — La culture à l'aide des engrais chimiques : betteraves, carottes, etc. ; céréales, prairies artificielles et naturelles ; vigne, horticulture. — La fabrication et le commerce des engrais chimiques.

LEFOUR. — **Sol et Engrais** (*Bibl. du Cult.*). In-18 de 176 pages
et 54 grav. 1.25

LÉVY. — **Amélioration du fumier de ferme** par l'association
des engrais chimiques et la création de nitrières artificielles.
In-18 de 152 pages . . . .   2. »

MARCHAND (Eug.). — Le **Blé à Rothamsted**, résumé des expériences de MM. Lawes et Gilbert, et discussion des résultats. Br. gr. in-8º de 48 pages ou tableaux. 2.50

—— Le **blé, l'avoine et l'orge à Rothamsted**, résumé des
expériences de MM. Lawes et Gilbert et discussion des résultats, 2º partie : origine, utilisation et déperdition de l'a-
zote. Br. in-8º de 48 pages ou tableaux. 2.50

MARGUERITE-DELACHARLONNY. — Le **Fer dans la végétation** :
Expériences du docteur Griffiths; amélioration des plantes
par le fer; doses nécessaires. Br. in-18 de 80 pages . . . .   1. »

—— Le **Sulfate de fer** en horticulture, son emploi comme engrais, pour la destruction des mousses et contre la chlorose;
doses à employer. Br. in-18 de 80 pages. . . . . .   1. »

MARIÉ-DAVY. — **Météorologie et physique agricoles.** 1 vol.
in-18 de 400 pages et 53 grav. 3.50
L'atmosphère, sa composition, ses propriétés; températures de l'air,
du sol, des végétaux. — Vents et tempêtes; eau atmosphérique, orages,
pluies. — Physique agricole, action des vents, de la chaleur, de la lumière et de l'eau sur la végétation; régime des eaux courantes; limites
des cultures; régions agricoles; pronostics du temps.

MASURE. — **Leçons élémentaires d'agriculture**, à l'usage
des agriculteurs praticiens.
Première partie : les plantes de grande culture, leur organisation et leur alimentation. In-18 de 330 p. et 32 grav. .   3.50
Deuxième partie : Vie aérienne et vie souterraine des plantes de grande culture. 1 vol. in-18 de 477 pages et 20 grav.   3.50

MULLER (Dr P.-E.). **Recherches sur les formes naturelles de l'Humus et leur influence sur la végétation et le sol,** traduit de l'allemand, par Henry Grandeau. 1 vol. in-8º de 252 pages et 7 tableaux . . . . .   10. »

MUSSA (Louis). — **Pratique des engrais chimiques**, suivant
le système Georges Ville (*Bibl. du Cult.*). In-18 de 144 pages.   1.25

PETERMANN. — **La Composition moyenne des principales plantes cultivées.** Tableau colorié . . . . .   3. »

PIERRE (Isidore). — **Chimie agricole** ou l'agriculture considérée
dans ses rapports principaux avec la chimie. 2 vol. in-18
ensemble de 778 pages et 25 figures. . . . .   7. »
Tome 1er. — *L'atmosphère, l'eau, le sol et les plantes :* L'air, sa constitution, ses altérations, etc.; l'eau atmosphérique; composition chimique des plantes, cendres; composition chimique et analyse des sols;
irrigations et amendements; théorie chimique des assolements.

Tome II. — *Les engrais :* Considérations générales; engrais organiques d'origine végétale, engrais verts, pailles, etc.; engrais d'origine
animale, urines, déjections, excréments; engrais mixtes, litières et
fumiers; engrais d'animaux divers; composts, boues, etc.; engrais minéraux ou salins, sels ammoniacaux, nitrates, phosphates, etc.

Chaque volume se vend séparément 3.50

RISLER. — **Géologie agricole**, faisant partie du cours d'agriculture comparée, fait à l'Institut national agronomique. 2 vol. gr. in-8°, et une carte géologique. 17.50

Les 2 vol. et la carte se vendent séparément.

Tome Ier. — Utilité de la géologie pour l'étude des terres arables. — Terres formées par la décomposition des roches : granite, gneiss, etc. — Terres formées par la décomposition des roches volcaniques : trachytes, basaltes, laves, etc. — Terrains de transition. — Terrains houillers, permiens, pénéens. — Le trias. — Terrains jurassiques. 1 vol. gr. in-8° de 400 pages 7 50

Tome II. — Terrains infracrétacés des montagnes du Jura, du sud et du nord de la France, de l'Angleterre, etc. — Terrains crétacés de la France, de l'Angleterre, de la Belgique et de l'Allemagne. — Terrains tertiaires. 1 vol. gr. in-8° de 24 pages et 11 planches. . . 7.50

Carte géologique et statistique des gisements de phosphate de chaux exploités en France. 2.50

—— **Météorologie agricole**, observations faites à Calèves (Suisse) de 1867 à 1876. Br. gr. in-8° de 22 pages et 3 fig. 1. »

—— **Recherches sur l'évaporation du sol et des plantes**. Br. in-8° de 72 pages et 3 fig. . . . . 1. »

RONNA (A.) — **Chimie appliquée à l'agriculture, travaux et expériences du D^r. A. Woelcker**; sols, plantes, engrais, recherches culturales; expériences d'alimentation du bétail; etc. 2 vol. gr. in-8° ensemble de 1008 pages. . 16. »

—— **Eaux d'égout de la ville de Reims**, irrigation ou épuration chimique. Broch. grand in-8° de 76 pages ou tableaux. 2. D

—— **Emploi des eaux d'égout en agriculture**. Broch. gr. in-8° de 20 pages. D.50

SACO. — **Chimie du sol** (*Bibl. du Cult.*). In-18 de 148 pages. . . 1.25

—— **Chimie des végétaux** (*Bibl. du Cult.*). In-18 de 220 pages. 1.25

—— **Chimie des animaux** (*Bibl. du Cult.*). In-18 de 154 pages. 1.25

STOCKHARDT. — **Chimie usuelle**, appliquée à l'agriculture et aux arts, traduite par Brustlein. In-18 de 524 p. et 225 gr. 4.50

Chimie inorganique. — Réactions chimiques; l'eau et la chaleur. — Métalloïdes : oxygène, hydrogène, azote, carbone, soufre, phosphore, chlore, etc. — Acides : azotique, carbonique, sulfurique, phosphorique, etc. — Métaux : potassium, sodium, calcium, etc.; fer et ses combinaisons, zinc, étain, plomb, cuivre, etc., etc. — *Chimie organique.* — Matières végétales : cellulose, amidon et fécule, sucres, alcools, éthers; huiles, beurres, savons; matières colorantes, etc. — Matières animales : œufs (albumine), lait (beurre, caséine), sang (fibrine), chair musculaire, peau, os (phosphate de chaux), urines, etc.

VILLE (Georges). — **Le Propriétaire devant sa ferme délaissée**. Conférences données à Bruxelles, 3° édit. : la production agricole, les engrais, l'aménagement des forces et leur résultat, la sidération. 1 vol. in-18 de 186 pages . . . 2. »

—— **M. Georges Ville et la Belgique agricole**. Conférences données à Bruxelles : la betterave; la doctrine des engrais chimiques; l'analyse de la terre par les végétaux. 1 vol. in-18 de 168 pages.. . . . . 2. »

—— **L'École des engrais chimiques**, premières notions de l'emploi des agents de fertilité (*Bibl. des écoles primaires*). In-12 de 108 pages et 1 planche.. . . . . 1. »

IV. — CULTURES SPÉCIALES.

(Céréales, plantes fourragères, vigne, etc., etc.; maladies des plantes, insectes nuisibles.)

Maison rustique du XIX⁰ siècle, tomes I et II (*voir page* 3).

BORIT. — **Viticulture de l'Anjou.** 1 vol. in-18 de 140 pages. . . . 1.50

CHAVANNES (de). — **Le Mûrier,** manière de le cultiver avec succès dans le centre de la France. 1 vol. in-8° de 128 pages. . . 1.75

COLLIGNON D'ANCY. — **Mode de culture et d'échalassement de la vigne** (1847). In-8° de 200 p. et 3 planches. . . 3. »

COURTIN. — Utilisation et effets de l'eau sur les prés; utilité de l'irrigation, systèmes divers, ensemencement et entretien du pré, engrais. Brochure in-8° de 78 pages et 16 figures . . . . 2. »

CROLAS ET VERMOREL. — **Manuel pratique des sulfurages,** guide du vigneron pour l'emploi du sulfure de carbone contre le phylloxéra : matériel de sulfurage, traitement, syndicats, etc. 1 vol. in-8° de 92 pages avec 24 figures. . . . 1. »

DÉJERNON. — **Les Vignes et les vins de l'Algérie.** 2 vol. in-8°, comprenant ensemble 680 pages. . . . . 10. »

> Tome I⁰ʳ. — L'Algérie agricole et viticole; compte d'un hectare algérien complanté en vignes. — Physiologie de la vigne; climats, terrains, situation, exposition, engrais et amendements; moyens de reproduction de la vigne; monographie de dix-sept cépages et leur façon de se conduire en Algérie.
>
> Tome II. — Plantation de la vigne; vignes élevées, vignes moyennes, vignes basses; la vigne en chaintres; la vigne dans les sables. — La taille, but, principes, modes divers. — Labours et binages, sarclages, soutènements, palissages; pratiques de printemps et d'été. — Accidents atmosphériques : grêle, gelées, coulure, etc. — Maladies et insectes : oïdium, anthracnose, etc., pyrale, eumolpe, phylloxéra.
>
> Chaque volume se vend séparément . . . . 5. »

DOMBASLE (de). — **Pratique agricole,** culture des plantes, récolte et conservation des produits, etc. (tome III du *Traité d'agriculture*, voir page 4), 1 vol. in-8° de 400 pages. . . . 5. »

DOYÈRE. — **Recherches sur l'alucite des céréales;** histoire naturelle de l'alucite, origine, nature et étendue de ses ravages, moyens de destruction (2⁰ livraison des *Annales de l'Institut agronomique de Versailles*). In-4° de 146 pages. . 2. »

GASPARIN (cᵗᵉ de). — **Cours d'agriculture, tomes III et IV :** cultures spéciales, céréales, plantes légumineuses, plantes-racines, tinctoriales, textiles, fourragères, etc. (voir page 3).

GUYOT (Jules). — **Culture de la vigne et vinification.** 2⁰ éd. 1 vol. in-18 de 426 pages et 30 grav. (*Voir page* 24). . . 3.50

—— **Viticulture de la Charente-Inférieure.** 1 vol. in-4° de 60 pages 2.50

—— **Viticulture de l'est de la France.** 1 vol. in-4° de 204 pages et 46 grav. 3.50

HEUZÉ (Gustave). — **Plantes alimentaires**, 2 vol. in-8° ensemble de 1328 pag. et 244 grav.; avec un atlas grand in-8° jésus contenant 102 épis de céréales, gravés sur acier, grandeur naturelle. . . . . , ... 30.»

Plantes céréales (blé, seigle, orge, avoine, maïs, riz, millet, sarrasin, céréales des régions équatoriales), les plantes légumineuses, haricot, dolic, fève, lentille, gesse, pois), les plantes des régions intertropicales et les gros légumes (carotte, betterave, etc., etc.).

—- **Plantes fourragères**, 2 vol. in-18.

Tome Ier. — *Les plantes à racines et à tubercules, et les plantes cultivées pour leurs feuilles :* betteraves, carottes, panais, raves, navets, rutabagas, pommes de terre, topinambours, choux à vaches, 5e édit. 1 vol. in-18 de 324 pag. et 89 fig. 3.50

Tome II. — *Les Prairies artificielles :* luzerne, sainfoin, raygrass, trèfle, lupuline, vesce, gesse, jarosse, serradelle, moha de Hongrie, sorgho, maïs, etc., etc.; fourrages mélangés, feuilles d'arbres, plantes diverses proposées et non encore acceptées; météorisation; calendrier aide-mémoire. 5e édition. 1 vol. in-18 de 396 pages et 53 figures. . . 3.50

—— **Les Pâturages, les prairies naturelles et les herbages.** 1 vol. in-18 de 372 pag. et 47 fig. 3.50

Pâturages permanents et temporaires, consommation des pâturages. Classification des prairies naturelles, influence du climat et du terrain, flore des prairies, création, entretien et irrigation des prairies, fenaison, valeur alimentaire des produits, rendement et défrichement des prairies. Création des herbages, clôtures et abreuvoirs, soins d'entretien. Usages locaux relatifs à la location des herbages.

—— **La Pratique de l'agriculture**, 2 vol. in-18.

Tome Ier. — Les agents de la production, agents atmosphériques, sol et sous-sol; les opérations culturales, labours, hersages, roulages, ploutrage, défrichements; les applications des engrais; les semailles, 1 vol. in-18 de 340 pages et 141 fig. 3.50

Tome II (*sous presse*). — Cultures d'entretien, fenaison, moisson, nettoyage et conservation des produits, organisation et direction du domaine. 3.50

—— **Culture du pavot**; variétés, engrais, semailles, cultures d'entretien, récolte et emploi; nature et propriété du tourteau. In-18 de 44 pages et 12 fig. . . . . »·75

HOOÏBRENK. — **Fécondation artificielle des céréales.** Broch. in-8° de 24 pages. . . . . »·50

JOULIE. — **La Production fourragère** par les engrais; prairies et herbages : classification usuelle et composition chimique des fourrages; flore des prairies et des herbages, exigences de la production du foin, valeur alimentaire du foin; composition des terres de prairies, eaux météoriques et d'irrigation; formation, entretien, régénération, défrichement des prairies et herbages. 1 vol. in-8° de 320 pages ou tableaux 3.50

JULLIEN. — **Topographie en 1866 de tous les vignobles français et étrangers :** position géographique, genre et qualité des produits de chaque cru; lieux où se font les chargements et le principal commerce des vins; nom et capacité des tonneaux et des mesures en usage, moyens de transport ordinairement employés, tarifs des douanes de France et des pays étrangers. Ouvrage couronné par l'Institut. 1 vol. in-8° de 580 pages. . . . . · 7.50

KAINDLER. — **Culture du coton** en Algérie. Br. in-18, 24 p.   » .50

LECOUTEUX. — **Le Blé,** sa culture intensive et extensive, commerce, prix de revient, tarifs et législation des céréales. 1 vol. in-18 de 422 pages et 60 figures 3.50

— **Le Maïs, et les autres fourrages verts, culture et ensilage ;** les fourrages verts et l'alimentation du bétail, théorie, pratique, conséquences agricoles et économiques de l'ensilage. 1 vol. in-18 de 320 pages et 15 figures. . . .   3.50

LENOIR (B. A.). — **Traité de la culture de la vigne, et de la vinification.** Préceptes généraux de culture, théorie de la fermentation, et application à la fabrication des vins rouges et blancs, des vins de liqueur naturels, artificiels, des vins mousseux ; soins à donner aux vins, etc. 1 vol, in-8° de 168 pages et 8 planches. 7.50

MARSAC (de). — **Reconstitution rapide et économique des vignobles phylloxérés** : plantations, labours, et engrais ; plants américains ; plants directs, porte-greffes, pratique du greffage. Broch. in-1° de 48 pages. . . . . . .   1. »

MARTIN (Léon). — **Reconstitution des vignobles** par les riparias géants glabres, et les jacquez fructifières : semis, bouturage, greffage, engrais, insecticides. Br. in-8° de 68 pages.   1.50

MICHAUX. — **Plus d'échalas ;** remplacés par des lignes de fil de fer mobiles. In-8° de 18 pages et une planche. . .   » .40

MOUILLEFERT. — **La Truffe** : histoire naturelle, production, récolte ; qualités et emplois. Brochure in-18 de 88 pages et 18 fig.   1. »

MOUILLEFERT ET HEMBERT. — **Guérison et conservation des vignes françaises ;** instructions théoriques et pratiques pour l'application du sulfocarbonate de potassium aux vignes phylloxérées. 1 brochure in-18 de 64 pages . . . .   1. »

MUHLBERG ET KRAFT. — **Le Puceron lanigère** : sa nature, les moyens de le découvrir et de le combattre. 1 brochure in-8° de 64 pages avec une planche coloriée, représentant dans tous leurs détails l'insecte et ses ravages. . . . .   2. »

NANOT. — **Culture du pommier à cidre, fabrication du cidre, et modes divers d'utilisation des pommes et des marcs** : généralités ; culture dans la pépinière, semis, repiquages, etc. ; culture en plein champ ; plantation, soins, maladies ; récolte des pommes. — Fabrication du cidre, de l'eau-de-vie et du vinaigre ; cidres mousseux ; maladies du cidre. — Conservation des pommes ; marmelade, gelée, etc. 1 vol. in-18 de 324 pages et 50 figures 3.50

ODART (Comte). — **Ampélographie universelle** ou Traité des cépages les plus estimés dans tous les vignobles de quelque renom ; considérations préliminaires sur le choix des cépages, la variation des espèces, les systèmes de classification ; plan et division de l'ouvrage ; étude des diverses régions. 6e éd. 1 vol. in-8° de 650 pages. 7.50

PAILLIEUX (A.). — **Le Soya,** sa composition chimique, ses variétés, sa culture, ses usages. 1 vol. grand in-8° de 128 p.   2.50

PATRIGEON (D' G.). — **Le Mildiou**, son histoire naturelle, son traitement, suivi d'une description comparative de **l'érinose de la vigne** : caractères extérieurs, développement, effets du mildiou ; traitements, bouillie bordelaise, solution simple de sulfate et d'acétate de cuivre, ammoniure de cuivre ; examen comparatif, description, avantages des principaux pulvérisateurs ; l'Érinose, caractères, effets et traitements. 1 vol. in-18 de 216 pages avec 38 fig. et 4 planches coloriées.   3.50

—— **Un Nouveau Parasite** de la vigne, le *lopus albomarginatus* : Description et mœurs du lopus à ses différentes phases, dégâts. 1 brochure in-18 de 92 pages et 12 fig. . . . . . .   1. »

PRUDHOMME PÈRE. — **Guide pratique pour la reconstitution des vignes phylloxérées** : Sulfurage des vignes ; engrais pour les vignes, cépages étrangers. Br. in-18, 28 p. .   1. »

ROHART (F.). — **La Question du phylloxéra ;** la submersion, régénération par les semis, les cépages américains, l'asphyxie souterraine (1875). 1 vol. in-18 de 160 pages et 16 grav. .   2.50

ROMMIER. — **Le Phylloxéra**, traitements insecticides et principes fertilisants. Broch. gr. in-8º de 30 pages. . . . . .   ».50

ROYER. — **La Ramie**, utilisation industrielle, culture et récolte, prix de revient. Broch. in-18 de 80 pages. . . . . . .   1. »

SCHAUENBURG. — **Culture du houblon** en France (1836). Broch. in-8º de 84 pages et 4 pages. . . . .   2. »

SOL (Paul). — **Étude pratique sur l'Anthrachnose**, instructions sur les procédés suivis pour la guérison du charbon de la vigne. Broch. in-8º de 16 pages . . . .   ».60

STEBLER. — **Les Mélanges de graines fourragères**, pour obtenir les plus forts rendements de bonne qualité, étude scientifique et pratique : conditions climatériques de la culture fourragère ; théorie et calculs des mélanges ; choix des plantes, achats de semences ; semailles, entretien des prairies. Traduit par Denaiffe. 1 vol. in-8º de 172 pages . .   1.90

STEBLER ET SCHRŒTER. — **Les meilleures plantes fourragères**, figurées en planches coloriées et décrites d'après les rubriques suivantes :

Dénomination, historique, valeur agricole, description botanique, variétés, habitat, exigences relatives au climat et au sol, engrais, végétation, récolte, mode d'exploitation et rendement, qualités, impuretés et falsifications des semences ; semis ; maladies.

Ce remarquable ouvrage, publié au nom du département fédéral suisse de l'agriculture, renferme l'étude approfondie des trente meilleures plantes fourragères. Chaque plante est en outre figurée en une planche coloriée, d'une exécution très soignée, représentant le port de la plante et sa description botanique complète.

2 beaux vol. grand in-4º, ensemble de 200 pages, avec 30 planches coloriées et de nombreuses figures noires . . . . . .   12. »

VERMOREL. — Le Mildiou de la vigne, guide pratique des traitements : caractères et apparition du mildiou ; traitements par les liquides et les poudres, pulvérisateurs, pompes. 1 vol. in-8° de 198 pages, 13 fig. et 1 planche coloriée. 1.50

VERMOREL, BARBUT, ETC., ETC. — Agenda viticole et agricole, pour 1890, destiné à inscrire les notes journalières, avec un Recueil des renseignements les plus utiles. Carnet de poche, cartonné toile, tranches rouges, de 300 pages. 2.50

VIAS. — Culture de la vigne en chaintres, plantation, labours, fumure, taille, ébourgeonnement, conduite ; transformation en chaintres des vieilles vignes, rendement, frais de culture (*nouvelle édition en préparation*). 2.50

VILLE (Georges). — Maladie des pommes de terre. Grand in-8° de 32 pages. 1. »

—— La Betterave et la Législation des sucres (1868). Grand in-8° de 48 pages et 2 planches. 1.25

V. — ANIMAUX DOMESTIQUES.

(Économie du bétail, races, élevage, maladies, etc.)

Maison rustique du XIXᵉ siècle, tome II (*voir page* 2).

AUJOLLET. — La Vache et ses produits, veau, viande, lait, fumier, travail (*Bibl. du cultiv.*) 1 vol. in-18 de 252 pages et 20 fig. 1.25

BARDONNET DES MARTELS. — Traité des maniements ou de l'appréciation des animaux domestiques, des épreuves, et des moyens de contention et de gouverne qu'on emploie sur les espèces chevaline, bovine, ovine et porcine, suivi de la coupe des animaux de boucherie en France et en Angleterre. 1 vol. in-18 de 463 pages et 67 fig. 4.50

BÉNION. — Traité des maladies du cheval, notions usuelles de pharmacie et de médecine vétérinaires ; description et traitement des maladies. 1 vol. in-18 de 340 pages et 25 grav. . 3.50

BONNEVAL (cᵗᵉ de). — Les Haras français, de 1806 à 1833, production, amélioration, élevage. 1 vol. in-8° de 308 pages . 5. »

BORIE (Victor). — Les Animaux de la ferme, espèce bovine ; races françaises : flamande, normande, bretonne, parthenaise, charollaise, limousine, comtoise, garonnaise, etc. ; races étrangères : Durham, Hereford, Angus, Schwitz, Fribourg, Hollandaise, etc. 1 très beau vol., grand in-4°, imprimé avec luxe, de 386 pages avec 65 gravures dans le texte et 46 planches coloriées d'après les aquarelles d'Ol. de Penne, représentant tous les types de la race bovine. Cartonné. . . . 85. »

Richement relié, 100 fr.

DAMPIERRE (de). — Races bovines (*Bibl. du Cult.*). 2ᵉ éd. In-18 de 192 pages et 28 grav. 1.25

DOMBASLE (de). — Le Bétail (tome IV du *Traité d'agriculture*, voir page 4). 1 vol. in-8° de 436 pages . . . . 5. »

GAYOT. — **Les Chevaux de trait français** : Origines et familles ; trait léger et gros trait ; l'étalon et la jument ; le boulonnais, le percheron, le breton, l'ardennais, le franc-comtois, le poitevin mulassier ; élevage, alimentation, travail. 1 vol. in-18 de 360 pages et 2 fig. 3.50

—— **Mouches et Vers.** In-18 de 248 pages et 33 grav. . . . 3.50

—— **Le Léporide et le lapin Saint-Pierre.** Broch. gr. in-8° de 72 pages. 2.50

—— **Achat du cheval,** ou choix raisonné des chevaux d'après leur conformation et leurs aptitudes (*Bibl. du Cult.*). In-18 de 180 pages et 25 grav. 1.25

—— **Poules et Œufs** (*Bibl. du Cult.*). In-18 de 216 p. et 40 gr. 1.25

—— **Lapins, lièvres et léporides.** (*Bibl. du Cult.*). In-18 de 180 pages et 15 grav. 1.25

GEOFFROY SAINT-HILAIRE. — **Acclimatation et domestication des animaux utiles.** 4e éd. 1 beau vol. in-8° de 534 pages et 47 grav. . . . . 9. »

GRANDEAU ET LECLERCQ. — **Études expérimentales sur l'alimentation du cheval de trait,** mémoires présentés à la Compagnie générale des voitures à Paris.

1er et 2e mémoires. — Historique des expériences sur l'alimentation du cheval. — Plan général des expériences entreprises dans les laboratoires de la Compagnie générale des voitures. — Description des laboratoires, du manège et des stalles d'expériences. — Méthodes suivies. — Travail au pas. — Travail au trot. — Rations et coefficients de digestibilité. — Camionnage. — Variations du poids des chevaux. — Statistique de l'eau, de l'azote. — Valeur dynamique des aliments. 1 fort vol. in-4° de 203 pages ou tableaux avec figures et 18 planches in-folio hors texte . . . . 25. »

3e mémoire. — Expériences d'alimentation au foin, expériences au pas, au trot, avec la voiture ; discussion des résultats. 1 vol. gr. in-8° de 118 pages et 11 planches hors texte 7.50

4e mémoire. — Expériences d'alimentation avec l'avoine et avec un mélange de paille et d'avoine. 1 vol. grand in-8° de 130 pages ou tableaux. . . . . 5. »

GROLLIER. — **Les Tribus du Durham français** : origine, histoire, mérite, 1 vol. in-18 oblong, cartonné de 192 pages. . . 10. »

HAYS (Charles du). — **Le Merlerault,** ses herbages, ses éleveurs, ses chevaux. 1 vol. in-18 de 182 pages. . . . . 3. »

—— **Le Cheval percheron** (*Bibl. du Cult.*). In-18 de 176 pages. 1.25

HEUZÉ (Gustave). — **Le Porc,** historique, caractères, races ; élevage et engraissement ; abatage et utilisation, études économiques ; 2e éd. 1 vol. in-18 de 322 pages et 50 grav. 3.50

HUARD DU PLESSIS. — **La Chèvre** (*Bibl. du Cult.*). In-18 de 164 pages et 42 grav. 1.25

JACQUE (Ch.). — **Le Poulailler,** monographie des poules indigènes et exotiques, 6me éd. texte et dessins par Jacque. In-18, 360 pages et 117 grav. 3.50

KÜHN (Julius). — **Traité de l'alimentation des bêtes bovines**, traduit de l'allemand sur la cinquième édition par F. Roblin. Petit in-8° de 300 pages et 61 grav. . . . . . 5. »

LEFOUR. — **Le Mouton**. 1 vol. in-18 de 392 pages et 76 grav. . 3.50

—— **Animaux domestiques**, zootechnie générale (*Bibl. du Cult.*). In-18 de 154 pages et 33 grav. 1.25

—— **Cheval, Ane et Mulet** (*Bibl. du Cult.*). In-18 de 180 pages et 136 grav. 1.25

LÉOUZON. — **Manuel de la porcherie** (*Bibl. du Cult.*). In-18 de 168 pages et 38 grav. 1.25

—— **La Race Durham laitière**. 1 brochure in-8° de 68 pages . 1.10

LE PELLETIER. — **Manuel des vices rédhibitoires des animaux domestiques**, commentaire théorique et pratique de la loi du 2 août 1884, avec un *formulaire complet de tous actes et formalités*, comprenant en outre les règles à suivre. 1 vol. in-18 de 296 pages 3.50

LEROY. — **Aviculture** : outillage spécial ; éclosion ; animaux nuisibles ; reproduction en volière, hygiène des volières ; repeuplement des chasses ; faisans, perdrix, cailles, etc., etc. 1 vol. in-18 de 422 pages et 51 fig. . . . . 3. »

—— **La Poule pratique**, par un praticien : races de parquet, races de ferme ; hygiène et nourriture des poules ; exploitation de la volaille, couveuses naturelles et artificielles, incubation, éclosion, éducation des poulets. 1 vol. in-18 de 256 pages et 41 fig. . . . . 3. »

MAGNE. — **Choix des vaches laitières** (*Bibl. du Cult.*). In-18 de 144 pages et 39 grav. 1.25

MALÉZIEUX. — **Manuel de la fille de basse-cour**, contenant des instructions pour élever, nourrir et engraisser tous les animaux de la basse-cour, poules, dindons, pintades, faisans, perdrix, cailles, paons, cygnes, oies, canards, pigeons, lapins, vaches et cochons, pour en tirer le plus grand produit, guérir leurs maladies, etc. 1 vol. in-18 de 332 pages, avec 39 fig. 3. »

MILLET-ROBINET (Mᵐᵉ). — **Basse-cour, Pigeons et Lapins** (*Bibl. du Cult.*). In-18 de 180 pages et 26 grav. 1.25

PELLETAN. — **Pigeons, Dindons, Oies et Canards** (*Bibl. du Cult.*). 1 vol. in-18 de 180 pages et 20 grav. 1.25

RICHARD (du Cantal). — **Étude du cheval de service et de guerre** ; d'après les principes élémentaires des sciences naturelles appliquées à l'agriculture, 6ᵉ éd. In-18 de 590 pages. 5.50

—— **La Production du cheval de guerre** : rapport fait le 23 mars 1849 à l'Assemblée nationale Constituante, au nom de ses comités de l'Agriculture et de la Guerre, réunis pour étudier la production du cheval au point de vue des besoins de l'armée. 1 vol. in-18 de 200 pages. . . . . 2. »

***

ROCHE (Ed.). — **Les Martyrs du travail, le cheval, l'âne, le mulet et le bœuf,** notions de médecine vétérinaire ; protection et conservation ; conseils au charretier et à l'agriculteur. — Maladies du mouton, de la chèvre, du lapin, du chien, du chat, et des oiseaux. — Étude générale des amis et ennemis de l'homme, quadrupèdes, mammifères, oiseaux, etc. 1 vol. in-18 de 360 pages, orné de 224 figures. . . . . . . 2. »

ROULLIER-ARNOULT. — **Instructions pratiques sur l'incubation et l'élevage artificiels des volailles,** poules, dindons, oies et canards (*Bibl. du Cult.*). 1 vol. in-18 de 172 pages et 49 figures. 1.25

SANSON (André). — **Traité de zootechnie, ou Économie du bétail,** nouvelle édition. 5 vol. in-18, ensemble de 2,016 pages et 236 gravures 17.50

    TOME Ier. — Objet de la zootechnie ; fonctions physiologiques et économiques du bétail ; appareils de la locomotion, de la digestion, de la respiration, de la circulation, de la dépuration urinaire, de l'innervation, des sens, et de la génération.

    TOME II. — Lois de l'hérédité, de la classification zoologique, de l'extension des races ; méthodes de reproduction, de gymnastique fonctionnelle, d'exploitation, d'encouragement, de classification.

    TOME III. — Fonctions économiques des équidés ; races chevalines brachycéphales et dolichocéphales ; populations métisses ; races asines ; mulets et bardots ; production des équidés ; institutions hippiques ; production et exploitation de la force motrice.

    TOME IV. — Fonctions économiques des bovidés ; races bovines dolichocéphales et brachycéphales ; populations métisses ; production des jeunes bovidés ; production du lait, de la force motrice et de la viande.

    TOME V. — Fonctions économiques des ovidés ; races ovines brachycéphales et dolichocéphales ; races caprines ; production des jeunes ovidés ; production du lait et de la viande. — Races porcines ; production des jeunes suidés ; production de la chair de porc.

    Chaque volume se vend séparément. 3.50

—— **Alimentation raisonnée** des animaux moteurs et comestibles : digestion, aliments, boissons ; alimentation des bovidés, équidés, ovidés, suidés ; tables de la composition chimique des aliments. (*Bibl. du Cult.*). 1 vol. in-18 de 180 pages ou tableaux et 3 fig. 1.25

—— **Notions usuelles de médecine vétérinaire** (*Bibl. du Cult.*). In-18 de 174 pages et 13 grav. 1.25

—— **Les Moutons** (*Bibl. du Cult.*). In-18 de 168 p. et 56 grav. 1.25

—— **La Maréchalerie,** ou ferrure des animaux domestiques (*Bibl. du Cult.*). In-18 de 164 pages et 34 fig. 1.25

VIAL (A. A.). — **Connaissance pratique du cheval,** traité d'hippologie à l'usage des sportsmen, officiers de cavalerie, vétérinaires, marchands de chevaux, éleveurs, cultivateurs, etc. 4e édition. 1 vol. in-18 de 372 pages et 72 fig. 3.50

VIAL. — **Engraissement du bœuf** (*Bibl. du Cult.*). In-18 de 180 pages et 12 grav. 1.25

VILLEROY. — **Manuel de l'éleveur de bêtes à laine.** 1 vol. in-18 de 336 pages et 54 grav. 3.50

—— **Manuel de l'éleveur de bêtes à cornes** (*Bibl. du Cult.*). In-18 de 308 pages et 65 grav. 1.25

VI. — INDUSTRIES AGRICOLES.

(Abeilles et vers à soie ; vins, cidre et boissons diverses ; laiterie ; arts agricoles divers.)

Maison rustique du XIXᵉ siècle, tome III (*voir page* 3).

ALBÉRIC. — **Les Abeilles et la Ruche à porte-rayons.**
Nature et mœurs des abeilles ; historique et description de la
ruche à porte-rayons ; applications de la ruche à porte-rayons
aux opérations principales de l'apiculture ; le rucher ; instruments de l'apiculteur ; maladies et ennemis des abeilles. . . . 1.50

ANDERSON, CHAPTAL, ETC. — **L'art de faire le beurre et les
meilleurs fromages,** par Anderson, Desmarets, Chaptal,
etc. (3ᵉ édition). Traité complet de la laiterie contenant
la manière de préparer le lait et la crème, de faire le beurre
selon les méthodes de Normandie, de Bretagne et d'Angleterre : de le saler, de le colorer et de le conserver ; de fabriquer toutes espèces de fromages, avec les données les plus
complètes sur le choix, la nourriture et la conduite des vaches laitières ; les moyens les plus sûrs pour reconnaître la
falsification du lait et la quantité de crème qu'il contient.
1 vol. in-8°, 360 pages et 10 planches. 4.50

BERTRAND. — **Conduite du rucher** calendrier de l'apiculteur
mobiliste : reines, ouvrières, mâles, pondeuses ; maladies des
abeilles ; essaimage, récolte du miel ; animaux nuisibles, outillage de l'apiculteur ; ruches et ruchers ; hydromel, eau-de-
vie et vinaigre de miel. 1 vol in-8° de 178 p., 85 fig. et 3 pl. 2.50

BOISSY (l'abbé). — **Le Livre des abeilles,** ou manuel d'apiculture : reines, ouvrières, pondeuses, bourdons ; multiplication
des abeilles, essaimage ; maladies des abeilles, remèdes ; animaux nuisibles ; ruches et ruchers, miellée ; calendrier apicole. 1 vol. in-18 de 312 pages et 6 planches hors texte . . . 2.50

BOULLENOIS (de). — **Conseils aux nouveaux éducateurs de
vers à soie ;** observations préliminaires sur l'industrie de
la soie ; des diverses espèces de mûriers ; plantation, taille,
culture ; de la magnanerie, mobilier et installation ; des vers
à soie, éducation, maladies ; filature des cocons. 8ᵉ édit. In-8°
de 248 pages 3.50

DURIER. — **Étude sur la flacherie.** Broch. gr. in-8° de 32 pages. 1. »

FIGUIER (Louis). — **Le raffinage du sucre en fabrique et
ses nouveaux procédés :** procédé général ; procédés
par la strontiane et l'ébullition ; procédé par l'osmose. Broch.
de 60 pages gr. in-8° avec 8 fig. . . . . 2. »

GIRARD (Maurice). — **Les Insectes utiles, abeilles et vers
à soie,** à l'exposition de 1867. In-8° de 39 pages. . . . 1.50

GIRET et VINAS. — **Chauffage des vins,** en vue de les conserver,
les muter et les vieillir. 2ᵉ éd. 1 vol. in-18 de 143 p. et 3 grav. 1.25

GIVELET (Henri). — **L'Ailante et son bombyx** ; culture de l'ailante, éducation de son bombyx et valeur de la soie qu'on
en tire. 1 vol. grand in-8° de 164 pages et 19 planches. . 5. »

GUYOT (Jules). — **Culture de la vigne et vinification.** 2ᵉ éd.
1 vol. in-18 de 426 pages et 30 grav 3.50

> Principes de la culture de la vigne ; culture en lignes basses et sur
> souche, taille, etc ; engrais et amendements ; cépages : façons à don-
> ner à la vigne ; création des vignobles, conduite de la vigne depuis sa
> plantation jusqu'à sa pleine production. — Vinification ; principes gé-
> néraux, vendanges, égrappage, foulage, pressurage, cuves et cuvaison,
> soutirage, collage. — Classification des vins : vins rouges, vins ro-
> sés, vins de macération, vins artificiels, sucrage des vins, vins de
> liqueur, vins mousseux, marcs, maladies des vins, dégustation. —
> Coup d'œil sur la création d'un vendangeoir.

MARTIN (DE). — **Rapports sur l'œnotherme Terrel des
chênes et sur les chaudières à échauder la
vigne.** Broch. in-8° de 24 pages avec deux planches. . . 1.50

NANOT. — **Culture du pommier à cidre, fabrication du
cidre et modes divers d'utilisation des pommes
et des marcs.** (Voir page 17). 1 vol. in-18 de 324 pages
et 50 figures. 3.50

PERSONNAT. — **Le Ver à soie du chêne** (bombyx Yama-maï),
son histoire, sa description, ses mœurs, ses produits. 4ᵉ éd.
In-8° de 132 pages, 2 grav. noires, et 3 planches coloriées. 3. »

POURIAU. — **La Laiterie**, art de traiter le lait, de fabriquer le
beurre et les principaux fromages français et étrangers,
4ᵉ édit. 1 vol. in-18 de 564 pages et 806 figures. . . . . 6. »

SÉGUIN-ROLLAND. — **Soins à donner aux vins fins de la
Côte-d'Or**, depuis la vendange jusqu'à leur mise en consommation. Broch. gr. in-8° de 20 pages et 7 grav. . . . 1. »

SOULLIÉ. — **Manuel de viniculture** par un vigneron algérien, ou
conseils pratiques pour faire et conserver le vin : foulage,
encuvage, plâtrage des vendanges ; soutirage du vin ; maladies et sophistication des vins. Br. in-32, de 138 pages. . . 1.25

SOURBÉ. — **Traité théorique et pratique d'apiculture
mobiliste**, les abeilles, leur physiologie, leurs maladies ;
les ruches à cadres mobiles ; organisation et conduite du rucher ; essaims artificiels ; italianisation du rucher ; sélection
apicole ; travaux apicoles d'automne ; jurisprudence apicole,
flore apicole française. (Nouvelle édition en préparation.)

TOUAILLON (fils). — **La Meunerie, la boulangerie, la bis-
cuiterie et les autres industries agricoles alimentaires** : vermicellerie, amidonnerie, décortication des
légumineuses, féculerie, glucoserie, rizerie, huilerie, choco-
laterie, conserves alimentaires, margarine et moutarde avec
un chapitre sur le broyage des engrais. 1 vol. in-8° de 564 p. 7. »

VII. — GÉNIE RURAL. — DRAINAGE, IRRIGATIONS. — MACHINES ET CONSTRUCTIONS AGRICOLES.

Maison rustique du XIXᵉ siècle, tomes Iᵉʳ et IV (*voir page* 3).

AUBERJONOIS. — **Les Constructions agricoles du domaine de Beau-Cèdre,** album de 35 planches in-plano représentant le plan général et les plans, coupes et élévations des constructions du domaine, hangars, bâtiments avec détails, écuries et remises, vacherie, porcherie, laiterie, basse-cour, forge, buanderie, four, etc., avec notice explicative de 30 pages. . 20. D

BARRAL. — **Drainage des terres arables.** 3ᵉ éd. 2 vol. in-18 ensemble de 960 pages, 443 grav. et 9 planches . . . 7. D

> TOME Iᵉʳ. — Histoire du drainage. — Drainage sans tuyaux. — Des terres drainables. — Fabrication des tuyaux de drainage : choix des matériaux, préparation des terres, formes à donner aux tuyaux, étirage des tuyaux. — Description des machines à étirer les tuyaux. — Fabrication des tuiles, briques ordinaires et briques creuses. — Fours à cuire ; cuisson.

> TOME II. — Exécution du drainage : levé du plan des terres à drainer, nivellement, exemples de drainage ; saisons convenables pour l'exécution ; tracé des drains, formes des tranchées ; outils de drainage ; ouverture des tranchées, règlement des pentes, pose des tuyaux et remplissage des tranchées. — Statistique du drainage. — Encouragement au drainage.

—— **Législation du drainage, des irrigations et autres améliorations foncières permanentes.** 1 vol. in-18 de 664 pages, avec 18 grav. et 1 planche . . . . 7. D

> Situation par département, du drainage en France. — Du drainage dans les colonies. — Du drainage en Belgique, dans la Grande-Bretagne, en Suisse, en Italie, en Allemagne, en Danemark, en Russie, aux États-Unis. — Législation anglaise sur le drainage et les autres améliorations agricoles permanentes. — Législation belge, allemande. — Législation française : lois, arrêtés et circulaires relatives au drainage.

BERTIN. — **Des Chemins vicinaux** (1853). In-8° de 111 pages. 1. D

—— **Code des irrigations.** 1 vol. in-8° de 182 pages . . . . . 3. D

BOUCHARD-HUZARD. — **Traité des constructions rurales.** 3 vol. gr. in-8°, ensemble 1096 pages et 940 fig. . . . . . 25. D

> Tome Iᵉʳ (1ʳᵉ *livraison*) : Maisons d'habitation pour petites, moyennes et grandes exploitations ; logements des animaux domestiques ; étables, bergeries, parcs, porcheries, chenils ; lapinières, garennes artificielles ; poulaillers ; ruchers ; magnaneries ; abris pour instruments agricoles et outils ; ateliers ; hangars ; remises.

> Tome Iᵉʳ (2ᵉ *livraison*) : Abris pour les récoltes, granges, gerbiers, graineries, silos ; fruiteries ; séchoirs ; cuveries, celliers, caves ; laiteries, beurreries, fromageries ; glacières ; boulangeries, fours ; distilleries rurales ; féculeries ; blanchisseries, buanderies, lavoirs ; fosses à fumier ; latrines ; réservoirs, abreuvoirs, puisards ; barrières, clôtures, chemins, ponts.

> Tome II : Emplacement et situation relative des bâtiments ; distribution générale du domaine ; dispositions diverses des bâtiments pour les petites, moyennes et grandes exploitations ; fermes anglaises, annexes ; matériaux de construction ; terrassements, maçonnerie, charpenterie, menuiserie, couverture, vitrerie ; frais des constructions devis.

DUMUR ET CUGNET. — **Les bâtiments agricoles;** les bâtiments ruraux mis en regard du domaine auquel ils appartien-
nent; conditions générales qu'ils doivent remplir; locaux divers
considérés dans leurs détails; plans et devis de bâtiments d'exploitation pour une propriété de 20 hectares. *Mémoires cou-
ronnés par la Société d'agriculture de Lausanne.* 1 vol. in-8° de
232 pages avec un atlas de 115 figures donnant, à l'échelle, les
plans, coupes et élévations des bâtiments et des détails . . .   10. »

DUPLESSIS. — **Traité de nivellement,** comprenant les principes
généraux, la description et l'usage des instruments, les opérations et les applications. 1 vol. gr. in-8° de 364 p. et 112 fig.   8. »

—— **Traité du levé des plans et de l'arpentage.** 2ᵉ éd.
1 vol. in-8° de 136 pages et 102 figures. . . . .   4. »

GASPARIN (comte de). — **Cours d'agriculture, tomes II,
III et VI,** constructions rurales, mécanique agricole, machines, etc. (voir page 4).

GRANDVOINNET (J. A.). — **Traité élémentaire des constructions rurales.** (*Bibl. du Cult.*) : Principes généraux
de construction : terrassement, maçonnerie, charpenterie,
couverture, menuiserie, serrurerie, plomberie, peinture et
vitrerie. — Bâtiments ruraux : habitations rurales, écuries,
bouveries, bergeries, porcheries, poulaillers, granges, fenils,
greniers, laiteries, etc. 2 vol. in-18 ensemble de 308 pages
et 306 figures 2.50

—— **Les Bergeries;** considérations générales sur les habitations
du mouton; parcs temporaires ou mobiles; parcs permanents
ou refuges; abris plantés; bergeries couvertes, conditions d'é-
tablissement, détails de constructions, dispositions d'ensemble,
modèles; matériel meublant. 1 vol. in-18 de 314 pages et
169 grav. . . . .   5. »

LECOUTEUX. — **Labourage à vapeur et labours profonds,**
résultats du concours international de Petit-Bourg en 1867.
1 vol. grand in-8° à deux colonnes de 96 pages et 14 grav. .   3. »

LEFOUR. — **Culture générale et instruments aratoires**
(*Bibl. du Cultiv.*). In-18 de 174 pages et 135 grav. 1.25

—— **Comptabilité et géométrie agricoles** (*Bibl. du Cult.*).
In-18 de 214 pages et 104 gravures 1.25

LONDET. — **Les Instruments agricoles,** machines, appareils
et outils employés en agriculture, description, choix, emploi,
manœuvre, avantages, conditions où ils conviennent (1858).
1 fort vol. in-8° de 303 pages et 54 planches. 7.50

VIDALIN (F.). — **Pratique des irrigations** en France et en
Algérie (*Bibl. du Cult.*). In-18 de 180 pages et 22 grav. . . .   1.25

VILLEROY ET MULLER. — **Manuel des irrigations;** action de
l'eau sur le sol; préparation du sol des prés arrosés, fossés
et rigoles; des prés et de leur entretien; jouissance de l'eau
en commun. 1 vol. in-18 de 263 pages et 123 grav. . .   3.50

VIII. — BOTANIQUE. — HORTICULTURE.

Maison rustique du XIX⁰ siècle, tome V (*voir page* 3).

Almanach du jardinier, publié chaque année au mois de septembre et comprenant les nouveautés horticoles. 192 pages in-32 et nombreuses gravures. . . . . ». 50

Le Bon Jardinier, almanach horticole **pour 1890** (134e édition) par Poiteau, Vilmorin, Decaisne, Naudin, Neumann, Pepin, Carrière, Heuzé, etc. — *Ouvrage couronné par la Société nationale d'horticulture de France.*

> 1re *partie.* — Calendrier du jardinier, ou indication mois par mois des travaux à faire dans les jardins. Aide-mémoire, et vocabulaire des principaux termes de jardinage et de botanique. — Principes généraux de culture : notions de botanique et de physiologie végétale, chimie et physique horticoles, climats ; abris pour la conservation des plantes, outils, façons du sol ; multiplication des plantes, semis, marcottes, boutures, greffes ; taille des arbres, maladies des plantes et insectes nuisibles. — Arbres fruitiers : des jardins fruitiers et du verger ; description et culture des meilleures sortes de fruits. — Plantes potagères, description et culture. — Propriétés et culture des principales plantes médicinales. — Grande culture : plantes à fourrage, céréales et plantes économiques.
>
> 2e *partie : Plantes et arbres d'ornement.* — Caractères des familles naturelles. — Description et culture des plantes et arbres d'ornement de pleine terre et de serre, classés par ordre alphabétique. — Les listes des variétés recommandées ont été revues avec le plus grand soin ; variétés anciennes les plus méritantes, et variétés nouvelles. — Classement des végétaux de pleine terre suivant leur emploi dans les jardins. — Création et entretien des gazons.
>
> (La 1re édition du *Bon Jardinier* remonte à 1754 : une édition nouvelle a été publiée régulièrement chaque année depuis 1755, à trois exceptions près : 1815, 1871, 1888. — L'édition de 1889 (la 133e) a été entièrement revue.)

Un vol. in-18 de 1700 pages . . . . 7. »
Cartonné, 8 fr. — Cartonné en 2 vol., 9 fr.

Gravures du Bon Jardinier. (*La 24e édition qui sera entièrement refondue est en préparation.*)

ALPHAND (A.). — **L'Art des jardins,** traité pratique et didactique; 1 vol. in-4° avec 512 fig. . . . . 20. »

AMÉ (G.). — **Le Jardin d'essai du Hamma** à Mustapha près d'Alger, description des familles, groupes et genres les mieux représentés au jardin, brochure in-8° de 64 pages et 7 pl. . 2. »

ANDRÉ (Ed.). — **L'Art des jardins,** traité général de la composition des parcs et jardins : Historique depuis l'antiquité; Jardins paysagers ; esthétique. Principes généraux ; division et classifications; la pratique; travaux d'exécution; exemples de parcs et jardins classés suivant leur destination; constructions et accessoires d'utilité et d'ornement. 1 vol. gr. in-8° de 900 pages, avec 11 pl. en chromolith. et 500 fig. 35. »

—— **Broméliacées Andreanæ,** description et histoire des Broméliacées récoltées dans la Colombie, l'Ecuador et le Venezuela, par Ed. André; 143 espèces et variétés, dont 91 nouvelles. 1 vol. gr. in-4° de 130 pages, illustré de 39 planches figurant toutes les espèces nouvelles, et d'une carte partielle de l'Amérique du Sud . . . . 25 »

AUDOT. — **Traité de la composition et de l'ornementation des jardins.** 6ᵉ éd. représentant en plus de 600 fig. des plans de jardins, modèles de décoration, machines pour élever les eaux, etc. 2 vol. in-4° oblong avec 168 planches gravées. 25. »

BALTET (Ch.). — **L'Art de greffer** arbres et arbustes fruitiers, arbres forestiers et d'ornement, 4ᵉ édition, augmentée de la greffe des plantes herbacées. Définition, but, et conditions de succès du greffage. — Outils, ligatures, engluements. — Choix des sujets et des greffons. — Procédés de greffage. — Liste par ordre alphabétique des arbres, arbrisseaux et arbustes, avec indication du mode de greffage à appliquer à chacun d'eux. 1 vol. in-18 de 464 pages et 175 fig. . . 4. »

BALTET (Ch.). — **Traité de la culture fruitière**, commerciale et bourgeoise : Fruits de dessert, de cuisine, de pressoir, de séchage, de confiserie, de distillation; choix des meilleurs fruits pour chaque saison ; plantations de vergers et de jardins fruitiers ; taille et entretien des arbres; animaux nuisibles et maladies; récolte des fruits, leur emballage et leur emploi. 2ᵉ éd. 1 vol. in-18 de 640 pages et 350 fig. . . . 6. »

BONCENNE. — **Cours élémentaire d'horticulture** (*Bibl. des écoles primaires*). 2 vol. in-12 ensemble de 310 pages et 85 grav. . 1.50

BUTRET (Baron de). — **Taille raisonnée des arbres fruitiers** et autres opérations relatives à leur culture, 21ᵉ éd. augmentée des différentes espèces de greffes et de la conservation des fruits. 1 vol. in-18 de 148 pages avec 4 pl. 2. »

CARRIÈRE. — **Encyclopédie horticole;** vocabulaire raisonné de tous les termes employés en botanique et en horticulture 1 vol. in-18 de 550 pages. 3.50

—— **Entretiens familiers sur l'horticulture;** sol et sous-sol; arrosements; amendements et engrais; physiologie végétale; des plantes annuelles et vivaces, ligneuses, aquatiques, grimpantes; des couches; semis, boutures, greffes, plantation, etc. 1 vol. in-18 de 384 pages 3.50

—— **Semis et mise à fruit des arbres fruitiers.** (*Bibl. du Jard.*) 1 vol. in-18 de 158 pages. 1.25

—— **Étude générale du genre pommier, et particulièrement des pommiers microcarpes ou pommiers d'ornement,** pommiers à fleurs doubles, pommiers de la Chine, pommiers baccifères, pommiers de Sibérie (*Bibl. du Jard.*), etc. 1 vol. in-18 de 180 pages et 18 figures 1.25

—— **Les Pépinières** (*Bibl. du Jard.*). In-18 de 184 p. et 29 grav. 1.25

—— **Production et fixation des variétés dans les végétaux.** 1 vol. in-8° de 72 pages avec 13 grav. et 2 pl. col. . 2. »

—— **Les Arbres et la Civilisation.** In-8° de 416 pages. . . 5. »

—— **Variétés de pêchers et de brugnonniers,** description et classification. Grand in-8° de 104 pages et 1 planche. . . 2. »

CHAMBRAY (marquis de). — **Culture du melon sur couche sourde et en pleine terre** (1835). 1 vol. in-8° de 88 pages et 5 planches hors texte. . . . . 2. »

—— **Du Choix des poiriers pour un jardin fruitier** (1846) : Taille plantation transplantation. Broch. in-8° de 16 pag. ».40

COURTOIS (Jules). — **Du Cycle végétal**, son application en arboriculture fruitière des jardins. Br. in-8° de 37 pages et 10 fig. ».75

—— **Taille trigemme** des branches à fruit du poirier et du pommier. 1 brochure in-8° de 8 pages et 7 fig. . . . . ».75

DECAISNE ET NAUDIN. — **Manuel de l'amateur des jardins**, traité général d'horticulture. 4 vol. petit in-8° ensemble de plus de 3.000 pages, comprenant plus de 800 fig. . . . . 30 »

Chaque volume se vend séparément 7.50

DELCHEVALERIE. — **Les Orchidées**, culture, propagation, nomenclature (*Bibl. du Jard.*). In-18 de 134 pages et 32 grav. . 1.25

—— **Plantes de serre chaude et tempérée**; construction des serres, culture, multiplication, etc. (*Bibl. du Jard.*). In-18 de 156 pages et 9 grav. 1.25

DUPUIS. — **Arbrisseaux et Arbustes d'ornement de pleine terre** (*Bibl. du Jard.*). In-18 de 122 pages et 25 grav. . . . 1.25

—— **Arbres d'ornement de pleine terre** (*Bibl. du Jard.*). In-18 de 162 pages et 40 grav. 1.25

—— **Conifères de pleine terre** (*Bibl. du Jard.*). In-18 de 156 pages et 47 grav. 1.25

DUVILLERS. — **Parcs et Jardins**, ouvrage récompensé de 21 médailles ou diplômes, 2 vol. grand in-folio, sur beau papier, ensemble de 160 pag. de texte avec 80 planches imprimées avec luxe représentant les plans de squares et jardins publics, de parcs particuliers, jardins paysagers, fruitiers, potagers, écoles pratiques, etc.

Prix des 2 vol. avec planches en noir . . . . . . .200 »
—   —   en couleur. . . . . .260 »
Chaque partie, comprenant 80 pages de texte et 40 planches se vend séparément : avec planches en noir . . . . . .100 »
—   en couleur . . . .130 »

DYBOWSKI. — **Traité de la culture potagère**, résumé des leçons données par l'auteur à l'École nationale d'agriculture de Grignon ; petite et grande culture ; procédés employés par les spécialistes. 1 vol. in-18 de 492 pages et 144 figures. 5 »

ECORCHARD (Dr).— **Nouvelle Théorie élémentaire de la botanique**, suivie d'une analyse des familles des plantes qui croissent en France, ou y sont cultivées, et d'un dictionnaire des termes de botanique. 1 vol. in-18 de 520 p. et 210 grav. . 6 »

FORNEY. — **La Taille des arbres fruitiers**, avec une étude complète sur les bons fruits. Nouvelle édition entièrement refondue.

Tome 1er. — Principes généraux, étude de l'arbre, multiplication, plantation, taille ; le poirier et le pommier : conduite des productions fruitières, charpente et forme, restauration, maladies et insectes nuisibles ; choix des poires et des pommes ; les arbres du verger, 1 vol. in-18 de 320 pages et 169 figures dessinées par l'auteur. 3.50

Tome II (*sous presse*). — Le pêcher, productions fruitières, charpente et forme, restauration, maladies et insectes nuisibles, choix des pêches ; — l'abricotier, le prunier, le cerisier ; — la vigne, principes de taille, formes pour le vignoble, formes pour l'espalier, treille à la Thomery ; maladies et insectes ; choix des meilleures variétés ; — le figuier, le framboisier, le groseiller ; — les espèces non soumises à une taille régulière ; amandier, cognassier, néflier, noyer, noisetier ; récolte et conservation des fruits, 1 vol. in-18 de 360 pages et 183 fig. 3.50

HARDY. — **Traité de la taille des arbres fruitiers,** 9e éd., 1 vol. grand in-8° de 436 pages et 140 figures. 5.50

Notions sur le développement des arbres ; la plantation. — But, époque de la taille, formes à donner aux arbres, pyramide, vase, buisson, espalier, etc. — Taille du Poirier, Pommier, Pêcher, Cerisier, Abricotier, Prunier. — Culture de la Vigne dans les jardins, treille à la Thomery. — Du verger. — Culture du Figuier, Groseillier, Framboisier, Cognassier, Noisetier. — De la greffe : principes généraux ; greffes en fente, par scion et en couronne ; greffes en approche ; greffes en écusson ; du marcottage et de la bouture. — Récolte, conservation et emballage des fruits. — Maladies des arbres fruitiers et animaux nuisibles. — Engrais, labour, chaulage, arrosements. — Nomenclature des principales variétés de fruits.

HÉRINCQ, JACQUES ET DUCHARTRE. — **Manuel général des plantes, arbres et arbustes,** classés selon la méthode de Candolle ; description et culture de 25.000 plantes indigènes d'Europe ou cultivées dans les serres. 4 vol. grand in-18 jésus à 2 colonnes, ensemble de 3.200 pages, cartonnés. . . 36. »

C'est un recueil à la fois scientifique et pratique. La botanique et la culture ont été réunies dans cet ouvrage. Les espèces et variétés anciennes et nouvelles y sont décrites avec la plus scrupuleuse exactitude ; leur culture et leur entretien y sont traités avec le même soin. Ce livre convient également aux savants et aux praticiens.

JOIGNEAUX. — **Conférences sur le jardinage et la culture des arbres fruitiers ;** légumes, semis et travaux d'entretien ; arbres fruitiers, taille et soins d'entretien ; récolte et conservation des produits (*Bibl. du Jard.*). In-18 de 144 p. 1.25

—— **Traité des graines** de la grande et de la petite culture (Voir page 50). 1 vol. in-18 de 168 pages. 1.25

—— **Les Cultures maraîchères de Paris** pendant le siège (du 11 octobre 1870 au 28 janvier 1871). Br. in-8° de 80 pag. 1. »

LA BLANCHÈRE (de). — **La plante dans les appartements :** soins généraux et particuliers aux diverses plantes d'appartement : balcons, terrasses, fenêtres, jardinières, corbeilles, suspensions, serres de salon. 1 vol. in-18 de 208 pages et 91 fig. 3. »

LACHAUME. — **Le Rosier,** culture et multiplication ; considérations générales sur la culture ; semis, boutures, marcottes, greffes ; taille et entretien du rosier ; variétés ; insectes nuisibles. (*Bibl. du Jard.*). In-18 de 180 p. et 34 grav. . . . 1.25

—— **Le Champignon de couche,** sa culture bourgeoise et commerciale, récolte et conservation (*Bibl. du Jard.*). In-18 de 108 pages et 8 grav. 1.25

LAUMAILLE. — **Culture et soins à donner aux plantes en appartement** : noms, description et arrosage mensuel des plantes. Br. in-8° de 59 pages. . . . . 1. »

LEBOIS. — **Culture du chrysanthème.** In-18 de 36 pages. . . ».75

LE BRETON (Mme). — **A travers champs ;** botanique populaire pour tous, histoire des principales familles végétales, 2e édition, revue par M. Decaisne. 1 beau vol. in-8° de 550 pages et 746 figures. . . . . 7. »

LEMAIRE. — **Les Cactées**, histoire, patrie, organes de végétation, culture, etc. (*Bibl. du Jard.*). In-18 de 140 pages et 11 grav.   1.25

—— **Plantes grasses autres que Cactées** (*Bibl. du Jard.*). In-18 de 136 pages et 13 grav. 1.25

LE MAOUT ET DECAISNE. — **Flore élémentaire des jardins et des champs**, avec les clefs analytiques conduisant promptement à la détermination des familles et des genres. Des herborisations et de l'herbier; de l'emploi des clefs analytiques; séries des familles ; synopsis de la clef analytique des familles ; description des familles, genres et espèces ; vocabulaire des termes techniques. 1 vol. gr. in-18 de 940 pages. .   9. ₽

LOISEL. — **Asperge**, culture naturelle et artificielle (*Bibl. du Jard.*). In-18 de 108 pages et 8 grav. 1.25

—— **Melon**, nouvelle méthode de le cultiver sous cloches, sur buttes et sur couches (*Bibl. du Jard.*). In-18 de 108 pages et 7 grav.   1.25

MAFFRE. — **Culture des jardins maraîchers du midi de la France**, contenant la culture de chaque espèce de légumes, les travaux journaliers d'exploitation d'un jardin maraîcher, le choix et la récolte des graines, et tout ce qui concerne les cultures hâtives, salades, melons, fraises, etc., (1844). 1 vol. in-8° de 475 pages. 5.50

MOREAU et DAVERNE. — **Manuel pratique de la culture maraîchère de Paris**, 4ᵉ édition. Histoire de la culture maraîchère de Paris; statistique; outils et instruments; exposition, mois par mois, des travaux à exécuter et des produits à récolter; culture des primeurs, dite culture forcée, pour les divers légumes, salades, melons, fraises, etc., ouvrage ayant obtenu la grande médaille d'or de la Société centrale d'horticulture de France. 1 vol. in-8° de 376 pages.   5. »

MOUILLEFERT. — **Arboretum de l'école nationale d'agriculture de Grignon**, catalogue des arbres qui y sont cultivés. Broch. in-8° de 104 pages. . . . .   2. »

NAUDIN. — **Le Potager** ; établissement du potager; terrains, travail des terres, instruments; principes généraux de culture; cultures naturelles, de primeurs et forcées; culture des divers légumes (*Bibl. du Jard.*). In-18 de 180 pages et 34 grav. .   1.25

—— **Serres et Orangeries de plein air.** In-8° de 32 pages.   ».75

NAUDIN ET MULLER. — **Manuel de l'Acclimateur**, ou choix des plantes recommandées pour l'agriculture, l'industrie et la médecine : acclimatation des plantes, genre des plantes déjà utilisées ou qui peuvent l'être; énumération des plantes, leurs usages, leur culture. 1 vol. in-8° de 572 pages et 1 fig.   7. ₽

NOISETTE. — **Manuel complet du jardinier** (1860). 5 vol. in-8°, cartonnés, ensemble de 2.500 pages et 25 planches. . . .   25. ₽

PAILLIEUX ET BOIS. — **Le Potager d'un curieux** : histoire, culture et usages de 100 plantes comestibles, peu connues ou inconnues. 1 vol. in-8° de 296 pages. . . . .   4. »

PONCE (J.). — **La Culture maraîchère pratique des environs de Paris** ; composition d'un jardin maraîcher ; engrais, travaux préparatoires ; soins généraux ; soins spéciaux à donner aux divers légumes ; cultures spéciales des ananas, champignons et fraisiers ; calendrier du maraîcher, tableau des semis et plantations. 1 vol. in-18 de 320 pages et 15 pl. . . 2.50

PRÉCLAIRE. — **Traité théorique et pratique d'arboriculture.** 1 vol. in-8° de 182 pages et un atlas in-4° de 15 planches. 5 »

PUVIS. — **Arbres fruitiers,** taille et mise à fruit (*Bibl. du Jard.*). In-18 de 168 pages 1.25

RAFARIN. — **Traité du chauffage des serres.** 1 vol. in-8° de 76 pages et 25 grav. 3.50

SAINT-BRIAC (J. de). — **L'Arbre fruitier des jardins.** *L'arbre inculte :* la terre végétale, développement de l'arbre inculte, fructification. — *L'arbre cultivé :* préparation du sol, plantation des arbres, formes à leur donner, multiplication des arbres, greffe, soins à donner aux arbres et aux fruits ; maladies ; animaux nuisibles. 1 vol. in-18 de 172 pages et 20 fig. . 2, »

VAUVEL. — **Culture de l'Asperge à la charrue,** culture forcée au thermosiphon et au fumier. 1 brochure in-18 de 108 pages. . . . . 1. »

VIALON (P.). — **Le Maraîcher bourgeois** ; outillage, qualités des terres, culture des divers légumes (*Bibl. du jardinier*). In-18 de 128 pages 1.25

VILMORIN-ANDRIEUX. — **Les Fleurs de pleine terre,** comprenant la description et la culture des fleurs annuelles, vivaces et bulbeuses de pleine terre, suivies de classements divers indiquant l'emploi de ces plantes, l'époque de leur floraison, etc. 3e édit. 1 vol. in-8° de 1.564 pages avec plus de 1.300 figures et le **Supplément aux fleurs de pleine terre,** comprenant la description, la culture et l'emploi des espèces et variétés introduites dans les jardins depuis 1870. 1 vol. in-8° de 204 pages avec 175 fig. ; ensemble 2 vol. . . . . . . 16.»

(Le **Supplément aux fleurs de pleine terre** se vend séparément : 4 fr.)

—— **Les Plantes potagères,** description et culture des principaux légumes des climats tempérés. 1 beau vol. grand in-8° de 650 pages avec 625 figures . . . . 12. »

IX. — EAUX ET FORÊTS. — CHASSE ET PÊCHE.

Maison rustique du XIXe siècle, tome IV (*voir page* 3).

ARBOIS DE JUBAINVILLE (d'). — **Observations sur la vente des forêts de l'État** (1865). Br. in-8° de 12 pages. . . ».50

BAUDRAIN (Victor). — **Des dégâts causés aux champs par les lapins :** Responsabilité des propriétaires et locataires de chasse, existence du dommage, preuve, procédure ; arrêts et jugements. 1 vol. in-8° de 124 pages. 2.50

BORTIER (P.). — **Boisement du littoral et des dunes de la Flandre.** Broch. gr. in-8° de 24 pages et 3 planches. . . . 1. »

BOUCHON-BRANDELY. — **Traité de pisciculture pratique et d'aquiculture** en France et dans les pays voisins, ouvrage publié avec l'encouragement du ministère de l'agriculture. 1 beau vol. grand in-8° de 500 pages avec 40 gravures et 20 planches hors texte. . . . . 20. »

BROCCHI (P.). — **Traité d'ostréiculture,** organisation et classification, des mollusques, étude anatomique de l'huître, les centres de production, d'élevage et d'engraissement; législation; maladies et ennemis des huîtres, pratique ostréicole actuelle, 1 vol. in-18 de 300 pages 3.50

BRUS (Marc de). — **Les Chasses aux braconniers :** renards, blaireaux, lacets, pièges, élevage du gibier, conseils aux chasseurs. 1 vol. in-18 de 168 pages et 5 fig. . . . . 2. »

BURGER. — **Du Déboisement des campagnes,** dans ses rapports avec la disparition des oiseaux utiles à l'agriculture. Broch. in-8° de 64 pages. . . . . 1. »

CHAMBRAY (marquis de). — **Traité des arbres résineux conifères à grandes dimensions :** Influence de la latitude et de l'altitude sur la végétation des arbres résineux conifères; reproduction et exploitation; insectes nuisibles. 1 vol. gr. in-8°, de 445 pages et 7 planches hors texte, en noir . . 12. »
Le même avec planches coloriées . . . . 25. »

DASTUGUE. — **Chasse et pêche,** traité pratique; 1 vol. in-18 de 328 pages et nombreuses figures. . . . . 3. »
Lièvre, lapin, renard, loup; chasse au chien courant et au chien d'arrêt. — Caille, perdrix rouge, perdrix grise. — Oiseaux de passage : bécasse, grive, alouette, canard sauvage, etc. — Chasses amusantes et utiles : corbeau, geai, pie. — Fusils, cartouches, règles du tir. — Conseils à un jeune chasseur. — Pêche : barbeaux, goujons, carpes, etc., etc. Appâts et amorces; calendrier du pêcheur.

DOUSSARD. — **Manuel du naturaliste préparateur,** manière d'empailler oiseaux et quadrupèdes. In-8° de 62 pag. et 8 fig. 1.50

GOURSAUD. — **Manuel de cubage** et d'estimation des bois en futaies, taillis, arbres abattus ou sur pied; notions pratiques sur le débit, la vente et la fabrication des produits des forêts; tarifs de cubage des bois en grume ou équarris. 4e édit. 1 vol. in-12 de 192 pages, relié 1.50

GRANDEAU. — **Chimie et physiologie appliquées à la sylviculture** (Annales de la station agronomique de l'Est, travaux de 1868 à 1878). 1 vol. grand in-8° de 414 pages. . 9. »

GURNAUD. — **Traité forestier pratique,** manuel du propriétaire de bois : culture, taillis, sapinières, futaies, qualités des bois, cubage, estimation, emplois et usages des bois; aménagement et exécution des coupes; comptabilité forestière; administration et surveillance; vente, marchés, tables de cubage, tables diverses. 1 vol. in-18 de 192 pages ou tableaux. . . 2. »

—— **La Sylviculture française :** méthodes forestières, comparaison de la méthode allemande et de la méthode française; exposé d'une méthode nouvelle. Broch. in-8° de 94 pages. . 1. »

—— **La Sylviculture française et la méthode du contrôle :** 1 vol. gr. in-8° de 124. . . . . 3.

HENNON. — **Géodésie pratique des forêts** à l'usage des agents forestiers, des propriétaires, régisseurs, agents-voyers etc., Instruments propres au levé des plans de forêts, triangulation ; problèmes divers ; Assiette et réarpentage des coupes ; Aménagement ; Cartes forestières ; Cubage des bois en grume et équarris. 1 vol. in-8° de 172 pages et 8 planches . . 4.50

KOLTZ. — **Traité de pisciculture pratique** : nomenclature des poissons ; fécondation artificielle, frayères ; incubation et éclosion, appareils, élevage des jeunes poissons ; maladies ; transport des œufs et des poissons ; frais d'établissement et d'exploitation. 1 vol. in-18 de 186 pages, avec 60 fig. . . 2.50

LEVAVASSEUR. — **Traité pratique du boisement et reboisement** des montagnes et terrains incultes. In-8° de 56 p. 1.25

MARTINET. — **Considérations et recherches sur l'élagage des essences forestières.** In-12 de 180 pag. et 41 fig. 1.50

—— **Le Pin sylvestre** et sa culture en Sologne. Broch. in-8° de 48 pages. . . . . 1. »

MORANGE (Amédée). — **Le Guide de l'élagueur** dans les parcs et les forêts (*Bibl. du Jard.*). In-18 de 144 pages et 20 fig. 1.25

NANOT (Jules). — **Établissement et entretien des plantations d'alignement, et élagage des arbres :** étude et choix des essences, plantation, élagage, restauration, transplantation des arbres, maladies et insectes nuisibles. 1 vol. in-18 de 350 pages et 82 fig. 3.50

NOËL (Arthur). — **Essai sur les repeuplements artificiels et la restauration des vides et clairières des forêts,** flore forestière, principes généraux de repeuplement, graines des principales essences, plants et pépinières, semis forestiers, plantations forestières ; repeuplements, rédaction des projets, devis, etc. Ouvrage couronné par la Société des Agriculteurs de France. 1 vol. in-8° de 382 pages 6. »

NOIROT. — **Traité de culture des forêts** ou de l'application des sciences agricoles et industrielles à l'économie forestière. 2e édition (1839) ; croissance des arbres, méthodes d'aménagement des taillis et des futaies, choix des essences, réglage des coupes, élagage, pratique des semis et plantations, exploitation, cubage, etc. 1 vol. in-8°, 484 pages. . 6. »

ROUSSET (Antonin). — **Culture et exploitation des arbres,** application des conditions climatériques, et des principes de la physiologie végétale aux conditions normales d'existence, de propagation, de culture et d'exploitation des arbres isolés ou en massifs. 1 vol. in-8° de 448 pages. . . . . 7. »

—— **Études de maître Pierre sur l'agriculture et les forêts.** 1 vol. in-18 de 29 pages. . . . . 1. »

THOMAS. — **Traité général de la culture et de l'exploitation des bois** ; désignation et qualités des arbres forestiers, bois durs, blancs et résineux ; pépinières, semis, plantations, aménagements, coupes ; conservation des bois ; maladies des arbres ; exploitation des bois : sciages, charpente, merrain, etc., etc. ; charbonnage ; cubage et mesurage ; flottage, etc. 2 vol. in-8°, ensemble de 1,076 pages. . . . . 10. »

X. — HYGIÈNE. — ÉCONOMIE DOMESTIQUE. — CUISINE.

Audot (L.-E.). — **La Cuisinière de la campagne et de la ville.** 1 vol. in-12 de 676 pages avec 300 grav. . . . . . 3. »

Burger. — **Le Pain** : le pain bis de ménage et le pain blanc de boulanger ; causes de l'abandon progressif du premier pour le second. Broch. in-8° de 90 pages . . . . 1. »

Delagarde. — **Le Pain moins cher et plus nourrissant.** 1 vol. in-18 de 262 pages . . . . 3. »

Emion (Victor). — **La Taxe du pain,** avec préface par Victor Borie. In-8° de 168 pages . . . . 4. »

George (Dr H.). — **Traité d'hygiène rurale,** suivi des premiers secours en cas d'accidents, comprenant :

L'alimentation : préparation des aliments; cuisson des aliments ; ustensiles; assaisonnements. — Du choix des aliments : Aliments d'origine animale : Viande de boucherie, de Porc, de Cheval ; Gibier, Volaille, Poissons; Œufs, Lait, Fromage, Beurre. — Aliments d'origine végétale : Aliments farineux, Légumes verts, Fruits. — Les boissons : L'eau potable; Ses caractères, Eaux de source, de puits, de pluie, de rivières ou de fleuves; Maladies produites par l'usage d'eaux impures ; Purification des eaux altérées. — Les boissons fermentées : Piquette, Cidre, Bière, Vin. — Les boissons alcooliques et aromatiques. — Le régime alimentaire : les repas, les fonctions du ventre; l'obésité.

L'air : sa pureté; la chaleur atmosphérique ; l'électricité atmosphérique ; la sécheresse et l'humidité; le froid ; la lumière et l'éclairage.

Le travail : l'exercice musculaire ; les fonctions cérébrales ; l'hygiène des sens.

Les maladies contagieuses : peste, fièvre jaune, choléra, fièvre typhoïde, dysenterie, etc., etc.

Les accidents : empoisonnement, asphyxies, suffocation par des objets avalés, blessures venimeuses et non venimeuses, congestion, apoplexie, syncope, morts subites.

Un vol. in-18 de 432 pages et 12 figures 3.50

Leclerc. — **Lettres à un jeune laboureur** sur la caisse d'épargne et la prévoyance (1848). In-18 de 60 pages. . . . ».25

Millet-Robinet (Mme). — **Maison rustique des dames,** 13e éd.

Tenue du ménage : Devoirs et travaux de la maîtresse de maison. — Des domestiques. — De l'ordre à établir; Comptabilité; Recettes et dépenses. — La maison et son mobilier, son entretien ; linge, blanchissage, chauffage, éclairage. — Cave et vins, boulangerie et pain. — Provisions du ménage; confitures ; conserves.

Manuel de cuisine : Manière d'ordonner un repas. — Potages, jus, sauces, garnitures. — Viandes, gibier, poisson, légumes. — Purées et pâtes. — Entremets, pâtisserie, bonbons.

Médecine domestique : Petite pharmacie, médicaments. — Ce qu'il faut faire avant l'arrivée du médecin dans les indispositions les plus fréquentes, empoisonnements, asphyxie.

Jardin : Disposition générale du jardin. — Jardin fruitier, potager, fleuriste. — Calendrier horticole.

Ferme : La ferme et son mobilier. — Nourriture des gens de la ferme. — Basse-cour, vacherie, laiterie et fromagerie; bergerie et porcherie. — Abeilles et vers à soie.

2 vol. in-18 comprenant ensemble 1.400 pages avec 236 fig. 7.75
Les 2 vol. **reliés, 11 fr. — Reliés, tranches dorées, 13 fr.**
Ces 2 vol. ne se vendent pas séparément.

MILLET-ROBINET (Mme). — **Économie domestique**, notions élémentaires sur les travaux d'une maîtresse de maison; lessive; provisions et conserves; confitures, liqueurs et fruits à l'eau-de-vie; utilisation du porc; etc. (*Bibl. du Cultiv.*). In-18 de 228 pages et 77 gravures 1.25

MILLET-ROBINET (Mme) et le Dr ÉMILE ALLIX. — **Le Livre des jeunes mères**, la nourrice et le nourrisson :

Le devoir maternel.

Le berceau et la layette : berceau en fer et en osier; sa garniture. — Layette; méthodes diverses; description, composition, entretien; planche de patrons.

La grossesse : durée, signes, hygiène, choix de l'accoucheur.

L'accouchement : disposition des lits et de la chambre; l'accouchement et la délivrance, soins à la mère et au nouveau-né après l'accouchement.

Les maux de sein : inflammation, abcès, gerçures et crevasses.

L'allaitement : allaitement maternel, le lait et la tétée, hygiène de la nourrice. — Allaitement mercenaire, nourrices sur lieu et nourrices de campagne, choix, surveillance. — Allaitement artificiel, modes divers, biberons, règlement de l'allaitement artificiel. — Allaitement mixte.

Sevrage et dentition : les nouveaux aliments; précautions à prendre pour le nourrisson et la nourrice; marche de la dentition.

Hygiène du nourrisson : toilette, soins de propreté, bains, sorties, exercices, hochets, etc.

L'enfant en état de santé, comment il vit, agit et se développe : respiration, circulation, digestion, sensations et mouvements; développement physique.

Maladies de l'enfant : angines, indigestion, diarrhée, constipation, vers, croup, bronchites, coqueluche, scarlatine, rougeole, variole, convulsions, etc., etc. Maladies de la peau, des oreilles, des yeux; blessures, plaies, brûlures, etc.

Éducation morale de l'enfant.

La protection de l'enfance : crèches sociétés de protection.

Un vol. in-18 de 392 pages avec 48 figures et une planche de patrons pour la layette. 3.75

Le volume relié, **5 fr.**

PENNETIER (Dr G.). — **Leçons sur les matières premières organiques** : matières alimentaires, lait, œufs, viandes, féculents; épices et aromates; fibres textiles; matières tinctoriales et tannantes; gommes, gommes-résines, baumes, essences, etc.; matières oléagineuses; substances médicinales; dépouilles et débris d'animaux; tabacs.

Chacune des matières premières organiques fait l'objet d'une étude complète : origine, provenances, caractères, composition chimique, sortes commerciales, altérations, falsifications et moyens de les reconnaître, importance commerciale et usages de chaque produit.

1 vol. gr. in-8° de 1,018 pages et 344 fig. . . . . . .   18. »

RODIN. — **Les Plantes médicinales et usuelles** des champs, jardins et forêts : étude, récolte et conservation des plantes; plantes émollientes, astringentes, purgatives, dangereuses, etc., etc... table des maladies et remèdes. 1 vol. in-18, cartonné, de 498 pages et 200 fig. . . . .   4. »

ENSEIGNEMENT PRIMAIRE AGRICOLE

Agriculture (*Petite école d'*), par P. Joigneaux. 1 vol. in-18 de 124 pages et 42 grav. cartonné toile 1.25

Agriculture (*Traité élémentaire et pratique d'*), par Laurençon. 2 vol. in-12 de 248 pages et 44 grav. 1.50

Agriculture du centre de la France, par Félix Vidalin. 2 vol. in-18 cartonnés de 300 pages avec grav. . . . . 3. »

Arithmétique agricole, par Lefour. In-12 de 128 pages. . . ».75

Devoirs de l'homme envers les animaux, par J. Chalot. In-12 de 128 pages . . . . ».75

École des engrais chimiques, premières notions des agents de la fertilité, par Georges Ville. In-18 de 108 pages. . . . . . . 1. »

Histoire du grand Jacquet, métayer, par Méplain et Taisy. In-12, 144 pages. . . . . ».75

Horticulture (*Cours élémentaire*), par Boncenne. 2 vol. in-12 ensemble de 310 pages et 85 gravures. 1.50

Les Jeudis de M. Dulaurier, cours élémentaire d'agriculture par V. Borie. 2 vol. in-18.

    1re *année*: 108 pages et 16 grav. . . . . ».75

    2e *année*: 108 pages et 51 grav. . . . . ».75

Lectures et dictées d'agriculture, par G. Heuzé. In-12, 128 pages. . . . . ».75

Lectures choisies pour la campagne, par Halphen. In-18, 106 pages. . . . . ».50

Loisirs d'un instituteur, par Vidal. In-12, 128 pages. . . . ».75

Petit Questionnaire agricole à l'usage des écoles primaires des pays de pâturage, par Ed. Teisserenc de Bort. 1 vol. in-18 de 192 pages et 16 gravures. 1.25

Petits Entretiens sur la vie des champs, par P. Joigneaux. In-18 de 112 pages avec grav., cartonné. . . . . ».60

Vocabulaire agricole et horticole à l'usage des élèves des collèges et des écoles primaires, par A. Richard (du Cantal), 2e édition. 1 vol. in-18 de 466 pages avec gravures 3.50

BIBLIOTHÈQUE AGRICOLE ET HORTICOLE

48 VOLUMES A 3 FR. 50

Agriculture de la France méridionale, par Riondet. 484 pag.

Bêtes à laine (Manuel de l'éleveur de), par Villeroy. 386 p., 54 grav.

Blé (Le), sa culture, commerce, prix de revient, tarifs et législation, par Ed. Lecouteux. 1 vol. in-18 de 422 pages et 60 fig.

Chevaux de trait français (les), par Gayot. In-18 de 360 pages et 2 fig.

Chimie agricole, ou l'agriculture considérée dans ses rapports principaux avec la chimie, par Isidore Pierre. 6ᵉ édit. 2 vol. in-18 de 778 pages et 25 figures.

Tome Iᵉʳ. L'atmosphère, l'eau, le sol et les plantes. } Ces deux vol. se
— II. Les engrais. } vendent séparément.

Cidre (Culture du pommier à), fabrication du cidre et utilisation des pommes et marcs, par J. Nanot. In-18 de 324 pages et 50 fig.

Connaissance pratique du cheval, traité d'hippologie, par A. A. Vial. 1 vol. in-18 de 372 pages et 72 figures.

Culture améliorante (Principes de la), par Ed. Lecouteux. In-18 de 432 pages.

Économie rurale (Cours d'), par Ed. Lecouteux. 2 vol. de 1060 pag.

Tome Iᵉʳ. Les milieux économiques.
— II. Les entreprises agricoles et les systèmes } Ces 2 vol. ne se vendent
de culture. } pas séparément.

Économie rurale de la France depuis 1789, par L. de Lavergne. 490 pages.

Encyclopédie horticole, par Carrière. 550 pages.

Engrais chimiques (Guide pour l'achat et l'emploi des), par H. Joulie. In-8º de 488 pages ou tableaux.

Entretiens familiers sur l'horticulture, par Carrière. In-18 de 384 pages.

Hygiène rurale (Traité d') suivi des premiers secours en cas d'accidents, par le Dʳ H. George, 1 vol. in-18 de 432 pages et 12 figures.

Irrigations (Manuel des), par Villeroy et Muller. 253 p. et 123 grav.

Leçons élémentaires d'agriculture, par Masure. 2 vol.

Tome Iᵉʳ. Les plantes de grande culture, leur organisa- } Ces 2 vol.
tion et leur alimentation, 330 pages, 82 grav. } se vendent
— II. Vie aérienne et vie souterraine des plantes de } séparément.
grande culture, 477 pages, 20 grav.

Maïs (le) **et les autres fourrages verts,** culture et ensilage, par Ed. Lecouteux, in-18 de 320 pages et 15 figures.

Maladies du cheval (Traité des), par Bénion. In-18 de 340 pages et 25 figures.

Manuel juridique de l'acheteur et du marchand d'engrais et d'amendements, par G. Gain; in-12 de 372 pages.

Métayage (Traité pratique du), par le Comte de Tourdonnet. 1 vol. in-18 de 372 pages.

Météorologie et physique agricoles, par Marié-Davy. 400 pag., 53 grav.

Mildiou (le), suivi d'une description de l'Érinose, par Patrigeon, 216 pages, 4 pl. col. et 38 fig.

Mouches et Vers, par Eug. Gayot. 248 pages, 33 grav.

Mouton (le), par Lefour. 392 pages, 76 grav.

Ostréiculture (Traité d'), par P. Brocchi. In-18 de 300 pages.

Pâturages, prairies naturelles et herbages, par G. Heuzé, 1 vol. in-18 de 372 pages et 47 figures.

Plantations d'alignement (Établissement et entretien des), par Jules Nanot. In-18 de 350 pages et 82 fig.

Plantes fourragères, par Gustave Heuzé. 2 vol. in-18.

> Tome Ier. Les plantes à racines et à tubercules, et les plantes cultivées pour leurs feuilles, in-18 de 324 pages et 89 fig.
> Tome II. Les prairies artificielles, in-18, 396 pages et 53 fig.

Ces 2 vol. se vendent séparément.

Porc (le), par Gustave Heuzé. 2e éd. 322 pages et 50 grav.

Poulailler (le), par Ch. Jacque. 360 pages et 117 grav.

Pratique de l'agriculture (la) par G. Heuzé, 2. vol.

> Tome Ier. — Agents de la production, labours, hersages, roulages, application des engrais, semailles.
> Tome II. — (*sous presse*). Cultures d'entretien, fenaison, moisson, nettoyage et conservation des produits, direction du domaine.

Ces 2 vol. se vendent séparément.

Production fourragère par les engrais (la), **prairies et herbages**, par H. Joulie, in 8o de 320 pages ou tableaux.

Taille des arbres fruitiers, par Forney, 2 vol.

> Tome Ier. — Principes généraux ; le poirier et le pommier ; les arbres de verger, 320 pages, 169 fig.
> Tome II. — Pêcher, prunier et autres fruits à noyau ; vignes, figuier et petits fruits, 360 pages, 183 fig.

Ces 2 vol. se vendent séparément.

Vers à soie (Conseils aux nouveaux éducateurs), par de Boullenois. 3o édit., in-8o de 248 pages.

Vices redhibitoires des animaux domestiques (Manuel des), par E. Le Pelletier. In-18 de 296 pages.

Vigne (Culture de la) **et vinification**, par J. Guyot. 2e éd. 426 pages, 30 grav.

Voyage agricole en Russie, par L. de Fontenay. 1 vol. in-18 de 570 pages.

Zootechnie (Traité de) ou Économie du bétail, par A. Sanson. 2e éd. 5 v. ensemble de 2.016 pages et 236 gravures.

> 1re partie. Zoologie et zootechnie générales.
> - Tome Ier. Organisation, fonctions physiologiques et hygiène des animaux domestiques agricoles.
> - II. Lois naturelles et méthodes zootechniques.
>
> 2e partie. Zoologie et zootechnie spéciales.
> - III. Chevaux, ânes, mulets.
> - IV. Bœufs et buffles.
> - V. Moutons, chèvres, et porcs.

Ces 5 vol. se vendent séparément.

BIBLIOTHÈQUE DU CULTIVATEUR

40 VOLUMES IN-18 A 1 FR. 25

Agriculteur commençant (Manuel de l'), par Schwerz. 382 p.

Alimentation raisonnée des animaux moteurs et comestibles, par Sanson. 180 pages et 3 fig.

Animaux domestiques, par Lefour. 154 pages et 33 gravures.

Basse-cour, Pigeons et Lapins, par Mme Millet-Robinet. 5e édition. 180 pages, 26 grav.

Bêtes à cornes (Manuel de l'éleveur de), par Villeroy. 308 p. et 65 gr.

Calendrier du bon -cultivateur (abrégé), par Mathieu de Dombasle. 304 pages et 25 grav.

Champs et les Prés (les), par Joigneaux. 154 pages.

Cheval (Achat du), par Gayot. 180 pages et 25 grav.

Cheval, Ane et Mulet, par Lefour. 180 pages et 136 grav.

Cheval percheron, par du Hays. 176 pages.

Chèvre (la), par Huard du Plessis. 164 pages et 42 grav.

Chimie du sol, par le Dr Sacc. 148 pages.

Chimie des végétaux, par le Dr Sacc. 220 pages.

Chimie des animaux, par le Dr Sacc. 154 pages.

Comptabilité et géométrie agricoles, par Lefour. 214 pages et 104 grav.

Comptabilité de la ferme, par Dubost et Pacout. 124 pages.

Constructions rurales (Traité élémentaire des), par J A. Grandvoinnet. 2 vol. ensemble de 308 pages et 306 figures.

Tome Ier. Principes généraux de construction. } Ces 2 vol. ne se vendent pas séparément
Tome IIe. Bâtiments ruraux.

Culture générale et instruments aratoires, par Lefour. 174 pages et 135 grav.

Économie domestique, par Mme Millet-Robinet. 228 p. et 77 gr.

Engrais chimiques (Pratique des), par L. Mussa. 144 pages.

Engraissement du bœuf, par Vial. 180 pages et 12 grav.

Fermage (estimation, baux, etc.), par de Gasparin. 3e éd. 216 pages.

Graines de la grande et de la petite culture (Traité des), par P. Joigneaux. 168 pages.

Grêle. (Manuel de l'expert des dommages causés par la), par François. 108 pages.

Incubation et élevage artificiels des volailles, instructions pratiques, par Roullier-Arnoult. 172 pages, et 49 figures.

Irrigations (Pratique des), par Vidalin. 180 pages, 22 grav.

Lapins, lièvres et léporides, par Eug. Gayot. 180 pages et 15 gravures.

Maréchalerie, ou ferrure des animaux domestiques, par A. Sanson. 164 pages, 34 figures.

Médecine vétérinaire (Notions usuelles de), par Sanson. 174 pages et 13 grav.

Métayage, par de Gasparin. 2ᵉ édition. 164 pages.

Moutons (les), par A. Sanson. 158 pages et 56 grav.

Pigeons, Dindons, Oies et Canards, par Pelletan. 180 p. et 20 gr.

Porcherie (Manuel de la), par L. Léouzon. 158 pages et 88 grav.

Poules et Œufs, par E. Gayot. 216 pages et 40 grav.

Races bovines, par Dampierre. 2ᵉ édit. 192 pages et 28 grav.

Sol et Engrais, par Lefour. 176 pages et 54 grav.

Travaux des champs, par Victor Borie. 188 pages et 121 grav.

Vache (la) et ses produits, par Aujollet, 252 pages et 20 fig.

Vaches laitières (Choix des), par Magne. 144 pages et 39 grav.

BIBLIOTHÈQUE DU JARDINIER

19 VOLUMES IN-18 A 1 FR. 25

Arbres fruitiers. Taille et mise à fruit, par Puvis. 167 pages.

Arbres fruitiers. Semis et mise à fruit, par Carrière, 158 pages.

Arbres d'ornement de pleine terre, par Dupuis. 162 p., 40 gr.

Arbrisseaux et Arbustes d'ornement de pleine terre, par Dupuis. 122 pages et 25 grav.

Asperge. Culture, par Loisel. 108 pages et 8 grav.

Cactées, par Ch. Lemaire, 140 pages, 11 grav.

Champignon de couche (le), par J. Lachaume. 108 pages et 7 grav.

Conférences sur le jardinage et la culture des arbres fruitiers, par Joigneaux. 144 pages.

Conifères de pleine terre, par Dupuis. 156 pages et 47 grav.

Élagueur (Guide de l') dans les parcs et les forêts, par Morange. 144 pages et 20 fig.

Maraîcher bourgeois (le), par P. Vialon. 128 pages.

Melon, Nouvelle méthode de le cultiver, par Loisel. 108 pag. et 7 gr.

Orchidées (les), par Delchevalerie. 134 pages, 32 grav.

Pépinières (les), par Carrière. 134 pages et 29 grav.

Plantes grasses autres que Cactées, par Ch. Lemaire. 186 p., 13 gr.

Plantes de serre chaude et tempérée, par Delchevalerie. 156 pages, 9 grav.

Pommiers d'ornements, par Carrière, 180 pag. 18 gr.

Potager (le), jardin du cultivateur, par Naudin. 180 pag. 34 grav.

Rosier (le), par Lachaume. 180 pages et 34 grav.

54ᵉ ANNÉE.

JOURNAL

54ᵉ ANNÉE.

D'AGRICULTURE PRATIQUE

MONITEUR DES COMICES, DES PROPRIÉTAIRES, ET DES FERMIERS

Fondé en 1837 par Alexandre Bixio

PARAIT TOUS LES JEUDIS PAR LIVRAISON GRAND IN-8° DE 48 PAGES

IL PUBLIE UNE PLANCHE COLORIÉE PAR MOIS

ET FORME CHAQUE ANNÉE DEUX BEAUX VOLUMES IN-8° DE 1,900 PAGES

AVEC 12 MAGNIFIQUES PLANCHES COLORIÉES

ET DE NOMBREUSES GRAVURES

Rédacteur en chef : E. LECOUTEUX

Propriétaire-Agriculteur
Membre de la société nationale d'agriculture
Membre du conseil supérieur de l'agriculture
Professeur d'agriculture au Conservatoire des arts et métiers
Professeur d'économie rurale à l'Institut national agronomique
Membre honoraire de la Société royale d'Agriculture d'Angleterre.

Secrétaire de la rédaction : A. DE CÉRIS.

Administrateur : L. BOURGUIGNON.

PRINCIPAUX COLLABORATEURS : MM. Duchartre, Naudin, Pasteur membres de l'Institut ;

MM. Gaston Bazille, de Dampierre, Gatellier, Gayot, Aimé Girard, Grandvoinnet, Heuzé, Eug. Marie, Lavallard, Müntz, Prillieux, Risler, membres de la Société nationale d'agriculture.

MM. Bouscasse, de Brévans, Brocchi, Chazely, Convert, Destremx, Victor Emion, Gagnaire, Dʳ George, A.-C. Girard, Grandeau, Grollier, P. Joigneaux, P. de Laffitte, Laverrière, Léouzon, A. Lesne, Marchand, Marié-Davy, Millardet, Mouillefert, J. Nanot, Dʳ Patrigeon, Poillon, Ringelmann, Sabatier, G. Ville, Zolla et un nombre considérable d'agriculteurs, de savants, d'économistes et d'agronomes de toutes les parties de la France et de l'étranger.

Fondé en 1837 par Alexandre Bixio, le *Journal d'Agriculture pratique* compte aujourd'hui **cinquante-trois ans d'existence,** et son succès n'a fait que croître chaque année. Il a vu reconnaître ses longs services par l'Académie des Sciences, qui lui a décerné le **Prix Morogues,** comme à l'ouvrage ayant fait le plus de progrès à l'agriculture.

Sans rappeler toutes les importantes améliorations qui ont été successivement apportées au *Journal d'agriculture pratique,* comme une conséquence naturelle de son succès croissant, nous ne parlerons ici que de la plus récente : depuis le 1ᵉʳ janvier 1885, le *Journal d'agriculture pratique* donne en **planches coloriées,** d'une exécution irréprochable, les portraits de nos animaux les plus remarquables de nos fermes et de nos concours, reproduits d'après les modèles de l'un de nos peintres animaliers les plus justement en renom, M. Olivier de Penne, qui a bien voulu se charger des aquarelles.

La rédaction en chef du *Journal d'agriculture pratique* est confiée depuis 1866 à un propriétaire à la fois écrivain et cultivateur M. Ed. Lecouteux, propriétaire-agriculteur, professeur d'agriculture au Conservatoire des arts et métiers, et professeur d'économie rurale à l'Institut national agronomique, qui a pu contrôler constamment la théorie par la pratique, et joindre aux études de doctrines les plus consciencieuses une expérience personnelle de trente années.

Le journal publie des chroniques agricoles, des comptes rendus des séances de la Société nationale d'agriculture ; des articles de jurisprudence ; des articles consacrés à l'examen des questions de pratique pure, une revue mensuelle de météorologie et une revue étrangère.

L'économie rurale, l'économie du bétail, l'économie forestière, la culture de la vigne, de la betterave, de toutes les plantes industrielles, aussi bien que celle des céréales et des plantes fourragères ; la culture des eaux, l'apiculture, la mécanique agricole, l'architecture rurale ; les questions de chimie appliquée à l'agriculture ; en un mot toutes les branches de l'agriculture sont traitées avec l'importance qu'elles comportent.

La partie commerciale a reçu tous les développements qu'elle mérite. Des mercuriales hebdomadaires, et une revue de tous les marchés français et étrangers, tiennent le lecteur au courant des fluctuations des cours, pour tous les produits agricoles : céréales et farines, bétail, graines fourragères et oléagineuses, fourrages et pailles, chanvres et lins, houblons, etc. ; vins, alcools et eaux-de-vie ; sucres, amidons et fécules, engrais divers ; cuirs et peaux, suifs et saindoux, beurres, fromages et œufs, volailles et gibier, etc.

PRIX DE L'ABONNEMENT :

UN AN : 20 fr. — SIX MOIS : 10 fr. 50

Les abonnements partent du 1er janvier ou du 1er juillet

ABONNEMENT D'ESSAI D'UN MOIS : 2 FR.

| ABONNEMENT D'UN AN POUR L'ÉTRANGER | Union postale...................... 20 fr. |
| | Tous les autres pays.............. 25 fr. |

Prix du numéro...................... 50 centimes.

— avec planche coloriée. 75 centimes.

La Librairie agricole possède encore quelques collections complètes du *Journal d'Agriculture pratique* (de 1837 à 1889).

Prix de la collection complète (de 1837 à 1889) : 89 vol. 860 fr.

Prix de la collection de 1885 à 1889 (nouvelle période avec planches coloriées) : 10 vol. .... 100 fr.

☞ Un numéro spécimen **avec planche coloriée** est envoyé à toute personne qui en fait la demande, accompagnée de 30 centimes en timbres-poste.

Bureaux du journal : 26, rue Jacob, à Paris.

62ᵉ ANNÉE.

REVUE

62ᵉ ANNÉE.

HORTICOLE

JOURNAL D'HORTICULTURE PRATIQUE

FONDÉ EN 1829 PAR LES AUTEURS DU BON JARDINIER

PARAISSANT LE 1ᵉʳ ET 16 DE CHAQUE MOIS
PAR LIVRAISON GRAND IN-8° DE 32 PAGES
AVEC UNE PLANCHE COLORIÉE ET DE NOMBREUSES FIGURES
ET FORMANT CHAQUE ANNÉE UN BEAU VOLUME IN-8° DE 580 PAGES

AVEC 24 MAGNIFIQUES PLANCHES COLORIÉES

D'APRÈS DES AQUARELLES DE MM. GODARD, P. DE LONGPRÉ, CLÉMENT, ETC.

ET DE NOMBREUSES GRAVURES

Rédacteurs en chef :
MM. E.-A. CARRIÈRE, ancien chef des pépinières au Muséum d'histoire naturelle,
ED. ANDRÉ, architecte-paysagiste ancien chef de service des plantations suburbaines de la Ville de Paris.

Administrateur : L. BOURGUIGNON.

PRINCIPAUX COLLABORATEURS : MM. Aurange, Dʳ Baillon, Bailly, Baltet, Batise, Bergman, Berthaud, Blanchard, Boisbunel, Boisselot, Bruno, Carrelet, Cᵗᵉ de Castillon, Catros-Gérand, Chargueraud, Chevallier (Charles), Christachi, Cornuault, Courtois (Jules), Daveau (Jules), Delabarrière, Delaville, Delchevalerie, De La Devansaye, Dubreuil, Dumas, Ernens, Franchet, Gagnaire, Giraud (Paul), Glady, Hardy, Hauguel, Heuzé (Gust.), Houllet, Jadoul, Jolibois, Joly (Ch.), Joret, Lambin, Dʳ Le Bêle, Lequet, Lesne, Maron, Martinet, Martins, Métaxas, Morel (Fr.), Nanot, Nardy, Naudin, Poisson, Pulliat, Rigault, Rivière, Rivoire, Rivoiron, Sahut, Sallier, Sisley, Thays, Thomayer, Truffaut, Vallerand, Verlot, Vilmorin, Weber.

La *Revue horticole*, fondée en 1829 par les auteurs du *Bon Jardinier*, et dont les **soixante et un ans d'existence** suffisent à affirmer le succès, est aujourd'hui le journal indispensable pour la **bonne tenue des jardins, des parcs et des serres.** Soins à donner au jardin potager, culture et conservation des légumes, taille des arbres fruitiers, choix des meilleures variétés, jardin fleuriste, jardin paysager, marcottes, boutures, greffes, outils et appareils de jardinage, culture forcée, serres, orangeries, plantes nouvelles; arbres et arbrisseaux d'utilité et d'agrément, toutes ces questions y sont traitées par les auteurs les plus compétents et les praticiens les plus habiles.

Des gravures de fleurs, fruits, outils, serres, etc., contribuent à la clarté des descriptions, et des **planches coloriées** d'une exécution remarquable, d'après les aquarelles d'éminents artistes **MM. Go-**

dard, **P. de Longpré, Clément**, donnent la figure des plantes nouvelles et des fruits nouveaux les plus intéressants, des insectes nuisibles, etc.

Une chronique très complète tient le lecteur au courant de tous les faits qui peuvent intéresser l'horticulture : comptes rendus d'expositions et de congrès, programmes des concours, listes des récompenses, séances de la société nationale d'horticulture de France, etc., etc.

Depuis le 1er janvier 1882, **M. Ed. André**, l'architecte paysagiste si justement apprécié, remplit, conjointement avec **M. E.-A. Carrière**, dont les longs services ont entouré le nom d'une juste popularité, les fonctions de rédacteur en chef de la *Revue horticole*. Cette direction nouvelle, résultant de la collaboration étroite de deux hommes si connus et si appréciés du public horticole, ne pouvait manquer d'être féconde pour les intérêts de l'horticulture française, soutenus par la *Revue horticole* depuis plus d'un demi-siècle.

A l'Exposition universelle de Paris en 1889, le jury a reconnu l'importance des services rendus par la *Revue horticole*, en lui décernant une **médaille d'or**. Déjà précédemment, en 1885, à l'Exposition internationale d'horticulture, la Revue avait obtenu la **grande médaille d'honneur**, fondée par le maréchal Vaillant, ancien président de la Société d'horticulture.

La *Revue horticole* continue donc son œuvre, dans des conditions qui sont de nature à en étendre la légitime influence. La plus grande partie de ce résultat est due d'ailleurs à la fidélité bienveillante de ses abonnés, fortifiés dans cette opinion que tous les efforts de la *Revue* ont pour but le progrès constant de l'horticulture française.

PRIX DE L'ABONNEMENT :

UN AN : 20 fr. — SIX MOIS : 10 fr. 50

Les abonnements partent du 1er janvier ou du 1er juillet

ABONNEMENT D'ESSAI D'UN MOIS : 2 FR.

ABONNEMENT D'UN AN POUR L'ÉTRANGER.
| Union postale...................... | 22 fr. |
| Tous les autres pays............. | 25 fr. |

Prix du numéro : Un franc.

La Librairie agricole ne possède pas de collection complète (1829 à 1889) de la *Revue horticole*; mais elle possède encore un très petit nombre de collections depuis 1861, c'est-à-dire depuis que la *Revue* est publiée dans le format actuel, avec planches coloriées, et quelques collections de 1882 à 1889, c'est-à-dire depuis la direction de MM. E. A. Carrière et Ed. André.

Prix de la collection de 1861 à 1889 : 28 vol. . . 560 francs.
Prix de la collection de 1882 à 1889 : 8 vol. . . 160 francs.

☞ Un numéro spécimen est adressé à toute personne qui en fait la demande accompagnée de 30 centimes en timbres-poste.

Bureaux du Journal : 26, rue Jacob, à Paris.

BULLETIN D'ABONNEMENT.

Je soussigné (1) _____

demeurant à (2) _____

demande un abonnement de (3) _____

à partir du (4) _____

à (5) _____

Pour le paiement j'envoie ci-joint en (6) _____

la somme de (7) _____

ou j'autorise l'administration à me faire présenter par la poste une quittance du montant de l'abonnement, *augmentée des frais de recouvrement.*

(SIGNATURE.)

(1) Nom et prénom.

(2) Adresse exacte avec indication du bureau de poste.

(3) Un an, 6 mois ou un mois pour essai.

(4) 1er janvier et 1er juillet pour les abonnements de six mois ou d'un an. Les abonnements d'essai peuvent être pris pour un mois quelconque.

(5) Indiquer s'il s'agit du *Journal d'agriculture pratique* ou de la *Revue horticole.*

(6) Mandat-poste ou chèque, pour les abonnements de six mois ou d'un an. — Timbres-poste pour les abonnements d'essai d'un mois.

(7)
Un an . . . . 20 fr. »
Six mois. . . . . 10 fr. 50
Un mois d'essai. . . . . 2 fr. »

☞ **Adresser lettres et mandats à M. Bourguignon, administrateur du Journal d'agriculture pratique et de la Revue horticole, 26, rue Jacob, à Paris.**

TABLE ALPHABÉTIQUE DES NOMS D'AUTEURS.

TYPOGRAPHIE FIRMIN-DIDOT. — MESNIL (EURE).

EXTRAIT DU CATALOGUE DE LA LIBRAIRIE AGRICOLE

BIBLIOTHÈQUE AGRICOLE ET HORTICOLE

42 VOLUMES, A 3 FR. 50 LE VOLUME

Agriculture de la France méridionale, par Riondet. 484 pages.

Bêtes à laine (Manuel de l'éleveur de), par Villeroy. 336 pages, 54 gravures.

Blé (Le), sa culture, par Ed. Lecouteux. 404 pages et 60 gravures.

Chevaux de trait français (Les), par Eug. Gayot. 360 pages, 2 fig.

Chimie agricole, par Is. Pierre. 2 vol. de 780 pages.
Tome Ier : L'atmosphère, l'eau, le sol, les plantes.
— II : Les engrais. } Se vendent séparément.

Cidre (Culture du pommier et fabrication du), par J. Nanot. 324 pages et 50 fig.

Connaissance pratique du cheval, par A.-A. Vial. 372 pages et 72 fig.

Culture améliorante (Principe de la), par Ed. Lecouteux. 432 pages.

Économie rurale (Cours d') par Ed. Lecouteux. 2 vol. de 984 pages.
Tome Ier : La situation économique.
— II : Constitution des entreprises agricoles. } Ne se vendent pas séparément.

Économie rurale de la France, par L. de Lavergne. 490 pages.

Encyclopédie horticole, par Carrière. 550 pages.

Engrais chimiques, achat et emploi, par Joulie. 488 pages ou tableaux.

Entretiens familiers sur l'horticulture, par Carrière. 384 pages.

Hygiène rurale (Traité d') par le Dr George. 432 pages et 12 fig.

Irrigations (Manuel des), par Muller et Villeroy. 263 pages et 123 gravures.

Leçons élémentaires d'agriculture, par Masure. 2 vol.
Tome Ier : Les plantes, leur organisation et leur alimentation.
— II : Vie aérienne et vie souterraine des plantes de grande culture.

Maïs (Le) et les autres fourrages verts, culture et ensilage, par Ed. Lecouteux. 324 pages, 15 figures.

Maladies du cheval (Traité des), par Bénion. 310 pages et 25 gravures.

Métayage (Traité pratique du), par le comte de Tourdonnet. 372 pages.

Météorologie et physique agricoles, par Marié-Davy. 400 pages et 53 gravures.

Mildiou (Le), description et traitements, par le Dr Patrigeon. 216 pages, 4 pl. col. et 38 fig.

Mouches et vers, par Eug. Gayot. 248 pages et 33 gravures.

Mouton (Le), par Lefour. 392 pages, 76 gravures.

Ostréiculture (Traité d'), par P. Brocchi. 300 pages.

Pâturages (Les), prairies naturelles et les herbages, par G. Heuzé. 372 pages et 47 gravures.

Plantations d'alignement (Etablissement et entretien des) et élagage des arbres, par J. Nanot. 316 pages, 82 figures.

Plantes fourragères, par G. Heuzé. 2 volumes avec gravures.
Tome Ier : Les plantes à racines et à tubercules.
— II : Les prairies artificielles. } Se vendent séparément.

Porc (Le), par Gustave Heuzé. 2e éd. 322 pages et 50 gravures.

Poulailler (Le), par Ch. Jacque. 360 pages et 117 gravures.

Production fourragère (La) par les engrais, prairies et herbages, par H. Joulie. 320 pages ou tableaux.

Vers à soie (Conseils aux éducateurs de), par de Boullenois, 248 pages.

Vices rédhibitoires des animaux domestiques, par Le Pelletier, 296 pages.

Vigne (Culture de la) et vinification, par J. Guyot. 426 pages, 50 gravures.

Zootechnie (Traité de), par A. Sanson, 5 vol., 2016 pages et 236 gravures.
Tome Ier. Organisation, fonctions physiologiques et hygiène des animaux domestiques agricoles.
— II. Lois naturelles et méthodes zootechniques.
— III. Chevaux, ânes, mulets.
— IV. Bœufs et buffles.
— V. Moutons, chèvres et porcs. } Ces volumes se vendent séparément

Paris. — Typ. G. Chamerot, 19, rue des Saints-Pères. — 23110.

BIBLIOTHÈQUE NATIONALE DE FRANCE

3 7531 00941048 2

www.ingramcontent.com/pod-product-compliance
Lightning Source LLC
Chambersburg PA
CBHW060426200326
41518CB00009B/1501